残阳

黄昌任◎著

中国言实出版社

图书在版 编目 (CIP) 数据

残阳 / 黄昌任著 . -- 北京 : 中国言实出版社,
2017.7

ISBN 978-7-5171-2498-6

Ⅰ. ①残… Ⅱ. ①黄… Ⅲ. ①长篇小说－中国－当代
Ⅳ. ① I247.5

中国版本图书馆 CIP 数据核字 (2017) 第 181937 号

责任编辑:宫媛媛
封面设计:赵晓乐

出版发行 中国言实出版社
地　址:北京市朝阳区北苑路 180 号加利大厦 5 号楼 105 室
邮　编:100101
编辑部:北京市海淀区北太平庄路甲 1 号
邮　编:100088
电　话:64924853(总编室)64924716(发行部)
网　址:www.zgyscbs.cn
E-mail:zgyscbs@263.net

经　销 新华书店
印　刷 三河市华东印刷有限公司
版　次 2018 年 1 月第 1 版　2018 年 1 月第 1 次印刷
规　格 710 毫米 ×1000 毫米　1/16　印张 18
字　数 230 千字
定　价 48.00 元　　ISBN 978-7-5171-2498-6

目 录 CONTENTS

我的一生是甜酸苦辣的一生，但更多是常人不曾尝过或很少遇到的苦辣味。

第一章　马鞍风水好地方　油茶瓜果处处香

马鞍屯，顾名思义这个屯坐落的位置似马背上的马鞍那样，坐东向西，右边是长满大桶样粗大的大树所组成的密密麻麻的森林，地名叫贡深。从村头伸延至多别（地名）口，原土名叫坡怀能。这里有成千上万棵高大的枫树及古藤缠身和不知名的老树遮天盖地；树林边有一口小塘，有一股小小的泉水从塘中溢出塘外；来往的水牛在大热天总是到此处时，都要往塘中打个滚，搞得全身湿漉漉的，才慢悠悠回栏，人们便称它叫坡怀能（即水牛休息的意思）。

虽然村里人去多傲街，这里是必经之路，但没有哪个小孩敢一个人独自从这里走过，要走的话也必须三人结伴五人成群，如果一个人要去上街或是去坡棒或是去德京屯，只好绕道走远路从村前往坎洞（土名）随河边走至谷哥（地名），方能走出森林望见天空。

屯的左边也是一个大树林立望不见天的森林，名叫贡布。贡布也有很多古老高大的树木，交错复杂的古藤似蜘蛛那样布满树林，比贡深更阴森寂静。这里有一汪泉水，常年涌出如人腿那么粗的长流水，供全屯人一代接一代长期饮用。马鞍屯的前面土崖往下约七八十米下面横流过一条长流水的河流，那是鉴河。这条河是由百六、魁球、顶墙、坡面几处泉水汇合而成的，河的两边从地造、辣椒、那稼、马限、腾起、坎洞、优中至陆京屯，大约有几百亩肥沃的水田，供马鞍屯、百六、东专和坡棒屯人耕种……

马鞍屯中种有李果（有红心李、苦李、三华李）和各种梨树 、枇杷树、山楂树、柿子、柚子、桃果……应有尽有，是个风景优美、鸟语花香、山清水秀的好村屯。

走出贡深 、贡布两处森林，往右边走就是多别（地名）一带几百亩的八角树林，往左边走出贡布斜对面就是魁阴、坡西、坡球、排那、排莫等土岭的茶油林。马鞍屯是盛产茴香油、茶油的村庄，生活历来温饱不愁。

马鞍屯是一个大屯，居住的全都是壮族人家。壮族人穿着的衣裤和头上围的头巾都是自己家里种的棉花纺成纱线，再把纱线用木制的织布机织成白布，而染料则是用自己家种的蓝靛收割回来后，放到一个大水缸里，压实放满水，再加入适当的石灰浸泡一个星期后，把蓝靛取出来，然后用竹编的小猪笼每天花一个小时往缸里上下猛扎，直到变稠为止。制好染料后，再把白布放入缸里和染料一起搅拌，直到布匹被染料泡透后，拿出来放到院子撑起的竹竿上晾干，经过三泡三晒干后收下来一层层的叠好，放在平整的青石板上，用特制的木槌，一遍遍地捶，直捶到布料光亮为止，就可以剪来做衣服、裤子、鞋子和头巾了。

男人衣服前面的纽扣是用布条拧成的，钉成一排，女人衣服上的纽扣则在右边腋下，也钉成一排。男女的裤管是宽直筒，男人要小便只要把裤管拉起来就可以屙了，并且里面没有短裤穿的。鞋子也是土布做的，穿在脚上很舒服。

一到街天，基本上看到的都是穿着用土布经过蓝靛染成黑色的布料，男男女女从头到脚全是黑一色的，别是一番风景，颇为壮观。

马鞍屯大约有上千人口，每到农忙时节和收割季节，田地多的人家总是要雇请一帮人来帮种和帮收。这个时候在屯里是最热闹的了，因为雇的大多数是男女青年，又都是未婚的，一到晚上休息时，由于雇的人太多，家里没有那么多的床铺给他们睡，那帮年轻的男男女女就走到村外的山坡，开始了山歌对唱，一直唱到天亮。好多人结成夫妻都是从对山歌开始的。

马鞍屯大户人家就有十五户，每户都有马匹十几匹，组成一个个马帮队，来往于天保县城和马鞍屯之间，把马鞍屯的茴香油、茶油、玉米等土特产拉到县城，再从县城进日用百货类拉回屯里推销。

由于走的都是山路，加上经常有土匪出没，拦路抢劫，每个马帮队都自己配有枪支，最起码背有一支火药枪和腰间斜插一把匕首，好一点的枪支是汉阳造的单发步枪。

我爷爷在马鞍屯里的马帮队中，算是头领，他除了背有步枪，还有一只手枪，身上带的子弹就有二十发。所以，只要他拉山货出山，后面总有屯里的一帮赶马队的跟着，很是威风。

正因为爷爷赶马帮积累了一些资本，我父亲后来才能读书并改变命运，给我们家带来荣耀。

第二章　本在豪门享荣华　谁知童年似昙花

梁家先祖梁通林原籍天保县马隘乡年钮屯，是他从年钮迁移到马鞍屯，在这里开天辟地 、创家立业并由他将此地命名为马鞍屯。从他开始在此繁衍后代，至今依序排列如下 ：

高祖梁通林生两子，长子方琨，次子方升（早逝）。

曾祖方琨生三子，宜春 、杏春 、珍春，宜春生长男瑞鸿、次男瑞龙和五个女儿。

祖父珍春生两男五女，即长男瑞玕、次男瑞刚，五女分别为安正、安听 、安顺 、安王 、安运。再到后来两家共同按出生先后顺序排列，例如原来梁祝勋先出生就排他为大哥，我家梁汉勋接着出世就排为二哥，第三个出生就排老三。按理该轮到我排第四，结果排行到第三之后两家吵架，各家出生的人就各自排列下去，所以他家有大哥无二哥，便排三哥（树）、四哥（森）、五哥（桂）、六哥（桌）、七哥（杞）、八哥（桓），我家没有大哥，而由二哥（东）、三哥（烟）、五哥（桐）来排列，而大爷家和五叔家所出生的儿女全按两家的出生序排列，如大哥(县)、二哥(显)、三哥（件）、四哥（威）、五哥（武）都是大爷家先生的，接着七哥(齐)、八哥（就）是五叔家所生的，跟着九哥（宠）又是大爷家生的，十哥（班）、十一哥（敢）、十二哥（侃）、十三哥（烈）、十四哥（佐）是五叔家生的，他们两家都对排行没意见，按此排到十四（佐）。

我父亲少年时家里供他上学读书，加上他本人聪明勤奋，青年时期考上广西政法学堂，毕业后在天保县政府供职；两年后转入军界，曾任班长、排长，后来又考入广西陆军干校;毕业后任连长、营长和团参谋长，获得中校军衔，我家大门上有一张部队发给的精微雕刻的横匾“中校第”三个金光闪闪的大字。后父亲又考入黄埔军校，毕业后任广西军事委员会总局长，后任广西全军司令中校参谋。

光绪十三年（1887 年）八月十六日申时父亲生于儆德县多儆乡马鞍屯这样一个比较富裕又有名气的军官家庭。

我是父亲最溺爱之子，上有六位哥姐，下有两个妹妹，父亲长期只让我与他同床共睡。

我家人口众多，共有九个兄妹，加上父母和二嫂、三嫂、三个侄儿、一个侄女，总共十七口人，还有两个长工（黄德寿及元松），每天十九个人开饭，但只有我能与父母同桌吃饭，餐餐少不了鱼肉、干饭，其他人员都是大锅饭（烂饭，并且不是餐餐有肉），但是比起其他家，我家街天必定有肉加菜、零食大把。

我家房屋共有八开间，还在多儆街十字路口处做了一个木质结构的房屋。在马鞍的田地有地造（地名）那几块良田和坎洞从路边到那块大田，那稼有两块，马限有两块，优中四块，光马鞍的田收的粮食，全年可以满足十几口人吃，还剩下千斤。

另外，务洞村、多榜、蜜安及陇洞多儆街都有我家的良田。那些良田原来是官田制的田，就是当年指定给当地当官的人作为薪水用。后来废除官田制之时，父亲刚弃官还乡，此时原来是同学又是同事的广西省省长黄旭初便下令给儆德县政府将上述“官田制”的田拨给我父亲作为退役养老田。

除此之外，多儆街原先有奶奶的私房田，我家分得两块大田，另有几块田是分给三叔的。我家的那两块田，父亲大方交给五姑家长期耕种和收割。

据父亲说，那两块田给五姑家耕种，作为我到多儆读书在她家吃用的。除此之外，父亲还给五姑家很多东西，但都是些什么，我并不知详情。据继母说，五姑家沾了我家的光，才发了财。

我们家的茴油每年也有六担左右，茶油每年有一千多斤。全家虽有十七口人，但除节假日集中之外，其余时间很少集中。

记得大姐出嫁前，我家特别请一位高级技术的木工老黄到家里来作嫁妆长达一年多时间。老黄是外地玉林那边人，讲白话，除到我家之外还到亩屯的姑丈家和我们三嫂的娘家——卢锦昌家做了多年的木工。他的技术是现代人少见的，新中国成立后他参加天保县建筑队专门做木工。

大姐出嫁时，总共热闹了五天时间，光给她抬嫁妆的就达五十多人，包括扛旗、抬轿、敲锣打鼓的人总共七十多人，确实十分隆重。

接三嫂更加隆重和热闹，也是前后热闹七八天之久，迎亲前三天打锣鼓和吹喇叭的就来家里开始热闹了。迎新娘那天光锣鼓、旗手、抬轿的和吹喇叭的人数就有二十几人，光拿聘礼去抬嫁妆来的就有六十多人，这支迎亲队伍总共八十多号人。

三嫂那天的打扮和人们常在台上看到的皇家公主、千金小姐的出嫁打扮并无两样，周身装束十分富贵，庄重而华丽，佩戴珍珠、金钗、金环、宝玉，身着贵重的绫罗绸缎……

她的嫁妆整整放满了我家一整开间的房子，有人公开评论她的嫁妆和她身上带的金银珍珠宝玉完全够她享用一世了。

这并不是我们家里幸运碰上这样富贵的亲戚，无形中得此“横财”。如果我父亲没有当大官，以及我三哥不是才貌双全的话，是娶不上她的。没有丰厚的聘金，也不会有如此华丽的嫁妆，这就是门当户对的结果。

我的童年就是在这样的家庭环境中度过的。

第三章　少年寄宿姑丈家　生活艰辛也无法

一九四〇年我满六岁时，屯里虽有一间小学，父亲却把我送到多儆中心校去读，吃住是在五姑家。

吕文右家的人很多，姑丈是老大，生育共有六人，姑丈有四兄弟、四妯娌，十八个人共同生活。他们不分居，耕田种地大家集中做，街天就做副食品出去卖，但是，只是五姑所做的面包、光苏饼以及糖果等全部属全家开支，其他各人在街上所做的卷筒粉摊全部归他们私用。如三婶（吕星仁的母亲）所做的粉摊、六叔（吕显仁的父亲）所做的粉摊，七婶（如梁东妈妈的母亲）所做的杂馍，他们都是利用街天才做，作为私房收入，当然各人当天卖剩的就拿回家一起吃，卖光的各人也买一点肉菜之类。但是因为人太多，如五姑就有楚仁（厚强的父亲）、义仁（厚前的父亲）、克仁（无妻无子）、康仁（兰件的父亲）四个儿子共六口人，三叔有星仁和兰美（声扬的老婆）两个儿女共四口，六叔有显仁、兰珠一男一女，共四口人，七叔也有两女也是四口人，这个大家庭总共十八人口，加上婆婆和我，就有二十个人吃饭。街天谁买肉也最多买一斤，平时更谈不上买肉了。因此，生活情况如何，可想而知了。

由于人多，所以饭只是煮烂饭，什么季节吃什么饭，收玉米后吃玉米粥，收三角麦就吃三角麦饭。

我一生最怕吃三角麦，每逢煮三角麦时，我便逃到叫亩（地名）六姑家去。有时去叫亩，逢煮三角麦，我只好将就吃几口或半碗便走开了。

五姑做的光苏饼和面包、粽粑、糍粑之类是天天做的，因为她这一摊是为全家十几口人谋生的。我和吕雄、星仁是同吃同住，又是同年生，每天放学后都被五姑安排拿光苏饼和面包走街叫卖。特别是街天，街天对我们来说又好又坏，好的是不但卖饼、卖面包时可以随便吃个饱，还可到三婶摊吃卷粉，或到六叔摊去吃，或到七婶摊吃杂馍。街天不但这些零食吃得够，晚上还可以吃上一两块肉。坏的话是街天放学后你就必需拿饼、包去走街叫卖，平时不需走街叫卖，是固定摆一个摊，坐在那里卖，放学前是老人卖，放学后我们必须轮换，我们三人谁去卖都行。

当时我屯与我一起去多儆中心校读书的同班人有梁珠元和梁侃勋。他俩自己带米带菜到学校去，放学后各人自己生火做饭（当时学校专门拿出一个空房让学生们在里面每人一个火灶做饭）。见他们餐餐吃大米干饭，我非常羡慕。有时站在旁边看他们吃干饭，我就直流口水，那时吃一餐大米干饭多高贵啊！

头几年每星期天我就跑回家，指望和父亲吃好饭菜。不料，父亲娶了后母之后，我回家时，她总要安排我去和姐妹们同桌吃烂饭，虽然父亲有时还是喊我去和他们同桌，但是我也不敢大胆吃菜了。父亲也好像怕她，她一起身去盛饭时，他便匆匆把肉塞到我碗里，让我快吃或把饭遮住，这样一来我渐渐少回家去了。

父亲也喜欢赌博，但他反对自己小孩参赌。经常带心腹的人逢街天便到街上开赌摊——抓摊（土名），拿玉米来赌四角。

我每次看到他开摊后，便悄悄溜到“和利”（他心腹的人）后面，那人便悄悄把零钱塞到我手中让我快走，不让父亲看见。

父亲看见有时骂我，有时一声不响，总之街天就这样要得他一点零钱来用。

说实在话，在多儆中心校读书，我还是很贪玩的，经常和几个同学在老师去别人家喝酒不来给我们上课，而是让我们自己写字、读书和练字时，溜出教室上山去捉迷藏和找野果吃，或上树去掏鸟蛋，常常乐此不疲。

有一次下午天气太热，我们四个人趁着老师又去喝酒不在，到离学校不远的一个山塘里游泳。正当游得尽兴时，老师不知什么时候也来到山塘，看见我们在游泳，立马大叫我们上来，并让我们排成队。在我们保证下次不再出来游泳后，才让我们穿上裤子回教室。

父亲到街上住时，每天放学后，他在奶奶家门口常等我回来后，让我马上背书给他听。背得好的话，赏给我零用钱，或买面包来给我；若背得不好，或作业做得不对，不单挨耳光，还要挨罚跪一炷香时间，即把一炷香放在我的身旁，等这炷香烧完了，我才能起身离开。

起初我曾挨跪过多次，后来不得不认真背书、认真听课，再也不愁挨罚跪了，成绩也因此在班上名列前茅。

可四哥就不得了，不知他头脑笨，还是不认真读书，每天放学都挨罚跪，搞来搞去最后逃学不肯读书，只读到初小三年级便逃学。那时逃学实际就是脱离父亲的管教。父亲在马鞍，他就跑来街上住；父亲来街上，他就跑回马鞍或到叫亩（地名）六姑家。后来父亲通令所有亲戚不准收藏他，他便跑到魁圩（地名）外婆家去常住。

据我所知，他逃学后，特别是父亲娶了巴头那位后母之后，四哥几乎没有一个节日在家与家人团聚过。也正因为他不肯读书，个性又强硬，所以父亲十分恨他。节日他不回家，父亲也一点不挂记他，甚至有一次春节他回来了，父亲仍把他赶走，不让他在家过春节。

四哥对于父亲这样对他，从来也不向父亲低头承认错误，依然我行我素，不想受别人的约束和管教。

第四章　整天守洞甚孤独　父兄逃难不知处

一九四七年，十三岁的我考入儆德中学读初中，校长苏良是中共地下党党员。

一九四八年，因局势动荡，游击队在赖德和扶平一带活动很活跃，国民党儆德县政府摇摇欲坠，学校上不成课，我只好回马鞍老家。那时家里把浮财如几千斤粮油、腊肉、衣服、棉被……共一百多个木箱或皮箱搬到洰教屯和多卜屯之间的一座山的岩洞里。虽然堂大哥（绍勋）家和五叔（瑞龙）家也同时把浮财搬去同一个岩洞里放，但是我家的财产最多，所以五叔和大爷家只有晚上才派赵成明和农必良，或者叫几个长工去岩洞陪伴我，而我家就是派我独自一个人长期不分白天黑夜地留守在这个岩洞里长达一年多时间。

当时我才十四五岁，还是一个少年，一到傍晚就盼陪伴人的到来，而且白天也因无人来住闷得慌。

所以，为了引诱洰教屯和多卜屯的砍柴和放牛人来与我作做伴，我天天都偷偷拿放在岩洞里的大米、腊肉、腊鸭来煮，慰劳招待那些人，大米吃完了，就将稻谷给他们拿去碾成大米。久而久之，放在岩洞里装稻谷的大木柜共十一块板高，我居然用去了两块木板高的粮食。

一九四九年夏，后母不知什么事突然到岩洞来，发觉洞里面的东西少了，她回去后告诉了父亲，而我还蒙在葫芦里。

一天中午，大姐汗流浃背地从家里急跑到岩洞告知我：“你偷粮食给洰教和多卜屯的人吃，全部被爸爸知道了，是母亲告诉父亲的。今早他大骂了一场，今晚或明天他一定来把你打死，你怎么办？”

大姐和我都明白，父亲是十分严厉的，他打起人来是毫不留情的。

我跟大姐说：“大姐，既然爸爸知道了，那我只有逃了，我先逃回多儆街上躲躲。”

于是，大姐也同意我马上离开岩洞。我便匆匆撬开两个大木箱，拿出一张上海军毯、一件父亲的军大衣和一对父亲穿的中校军装，离开岩洞逃到多儆街。

第二天下午正是多儆街街天，父亲托人到多儆街告诉二哥。二哥气冲冲跑到五姑家，见到我后首先左右给我两记耳光，然后才说出父亲委托他教训我。

此时，在二哥面前，我实在无力反抗。我只有忍着挨这两耳光，泪水往肚子里流。

幸好五姑出面解救我脱身，我便躲开二哥，当晚不敢在五姑家，逃到叫亩屯六姑家（即陆家启表哥家）去，第二天天刚亮我不敢怠慢，一口气跑向敬西县魁圩乡多宁屯的外婆家去避难。在外婆家住了一段时间，谁知这一走竟是与父亲、二哥、三哥永别了。

一九五〇年夏，知道父亲、二哥、三哥都因住不了家，离家出走了，我才回多儆来，又到儆德县初中读书。

新中国成立后儆德县初中第一任校长是梁节松，我又从初中一年级开始读。

一九五一年春，中国人民解放军号召青年参军。当时我虽然只有十六岁，但已像青年人的模样，特别是打得一手好篮球，被县大队队长看中。县大队队长是山东人，叫黄一汉，都说山东大汉果真不错。黄大队长个子高大，足有一米八五，年龄在三十岁上下，是参加淮海战役后一路打到广西来，又参与除匪到徽德县。他的枪法很准，在县大队的一次训练中，他教我们打靶。他举起三八盖步枪连打五次，每次都是十环，很让我们羡慕和敬佩，特别是我整天跟着他要他教我学打枪，一来二去跟他混熟了。

训练结束后，我由他介绍并亲自送到敬西去，加入了中国人民解放军四六二团卫生队。

在卫生队里有一位女卫生员叫黄莉，是黄大队长的老乡，人长得相当的俊，也许是北方人常吃白面的缘故，肤色特白，人又直爽，说话快言快语。刚开始她说话，有一大半我听不懂。我讲的话，她也是一知半解。她经常叫我跟她说话放慢点，因为我说话都是带有本地口音的，所以普通话讲得特别别扭。

每次她都说："梁高勋，请你讲普通话好吗？你讲的话我一点都听不懂，像在听鸟语般。"

我说："黄姐，我跟你讲的是普通话啊，是广西徽德县的普通话。"

她听后总是哈哈大笑。

她走路也是风风火火，像旋风一样转眼听声而不见人。

黄莉二十六岁左右，但你别说，她也算是个老兵了，在卫生队里技术很好，她教我包扎、打针，在教的过程中讲得很细，我也听得很认真，也学得很快。最基本的技术操作和一些简单的药品，如拉肚、发烧之类的，我都学会了配药。

在敬西集中一个多月之后，准备调往广州军区时，部队来一个严格的政治审查，发现我父亲是国民党军官，当时又是徽德县的大地主，而且现又参加土匪（实际是在家已待不下去了，担心被抓，不得不离家逃难，并不是出去和共产党作对或打家劫舍的土匪），政审不过关，被四六二团政治处批示说"家庭复杂，不宜留在部队"而退回徽德县大队。

当时徼德县大队长要我留在县大队服役，起初我也同意了。

可是，每天操练时，多徼街许多群众、亲戚和同学都在旁边围观。我非常害羞，加上当时部队的伙食多数是吃馒头当餐，我吃不惯，便悄悄离队回到五姑家住，打算回校读书。

头几天，县黄大队长天天到五姑家动员我回队，我思想非常矛盾。如果参加县大队而调离徼德不被人看见，我是愿意在的，后来我还是坚持离队而回校读书。

为这事我很对不起黄大队长，对不起他的一片苦心。如果当时跟他在县大队当兵，也就不会有后面那么多坎坷的人生接踵而至。

第五章 家被清算求学难 磨炼心志坚如磐

一九五二年初儆德县和天保县合并为西德县。并县后，原来儆德县初中便并到县城，为城关中学。而原来儆德初中的学生可以自由选择，你爱到城关中学去读也可以，到敬西县中学去读也可以。当时曾有部分同学选择去敬西中学读，如我班黄嘉善、李芳宣、李芳亮等人，我是选择到城关中学就读。

一九五二年春并校后，我要到城关中学读初二年级，受到继母的阻挠。因为之前我家前后被清算了两次：第一次是儆德解放时，从官僚地主家庭开始，被砸烂的大门上的“中校第”军衔横匾和家中正堂所挂的父亲在陆军学堂、黄埔军校的相片，以及他任中校参谋穿着军装和赴任广西全军司令，在受衔仪式上的许多相片全被搜去烧光，当天军中用的桌、椅和屋中堂雕刻精致的龙凤花鸟的装饰品也全被扫光。第二次是在一九五一年清匪反霸时，家中的皮箱衣柜、家中的浮财（衣服、布料、高级碗筷、家具和绫罗绸缎）再次被清洗，父亲有价值的书报、信函全被烧光，好在田地和八角林、茶油林仍留给我们耕种和收割。

所以，四哥兴勋靠熬茴油供我读书，虽后母阻挠，但父亲和二哥、三哥都不在家。历受后母虐待的四哥此时不把后母放在眼里,并对后母说:“从今以后这个家的事情不由你来指挥了。”

由于她仍摆老资格，所以四哥就动手打掉了她的门牙。这个行为一来报复她到我家后，他受虐待之苦；二来是不让她再阻挠熬油供我读书之行为。

其实，要说后母阻挠也有她的道理，她也是为全家人不至于饿肚皮啊。

说说后母也有她的好，自她嫁到我家后，每年过节如春节，她为了我们这帮小孩能像别人家快快乐乐过年，在年三十晚一个人包年粽。后母包的年粽可好吃了，她的做法至今仍历历在目：首先腌制五花肉，而五花肉是家里杀年猪留出来包粽子用的，把五花肉切成十厘米长、一厘米厚的长条，再把山姜、橘皮用刀剁成细粉末状，用无油的锅先把山姜粉末炒香，再加入橘皮粉末、食盐，小炒一会儿后取出，加入适量酱油、料酒后与五花肉搅拌均匀，放到一个瓦缸里腌制一个晚上。第二步是把糯米和绿豆泡水六到八个小时，绿豆泡后要去皮；如果要做黑糯米粽则将干净的芝麻秆烧成灰后，将糯米和芝麻灰搅拌好放到水里泡，直到糯米被染成黑色为止。接下来第三步用粽叶包，用粽叶也是有讲究的，根据包粽的大小而定。一般使用两张粽叶，上一张粽叶光面朝上、下一张正好相反，目的是为了避免上一张煮熟后粘住糯米，下一张就是为了要好看。摆好粽叶，依次放入糯米、绿豆、肉馅、绿豆、糯米，当然馅里有些也会放板栗。如果是家庭困难没有年猪杀的，没有肉的，也可以用红薯煮熟后揉碎成泥，再拿来包粽子。第四步就是折一头，抖好糯米和馅料，再平整粽叶后再折另一头，折好后绕着粽子一圈一圈地绑上龙须草，包好的粽子放到一个大铁锅里，再放水淹过粽子，用柴火烧煮八个钟头，中间要上下翻一次，所以包年粽是很累的，后母却做得无怨无悔。

而包三角粽是在端午节，后母用野生的楠竹叶，烧开水后把竹叶放进去杀青，再经过沥水后备用。一个粽子用一张竹叶，将竹叶从中间部位对卷两圈呈漏斗状，用匙羹往竹叶里放入泡好的糯米和豆沙，或肉馅，捏住粽子，先将短的一头竹叶顺势下压折住，再对折余下的另一边竹叶，折成三角状，用龙须草捆绑后再放入大铁锅或大屉锅注满水，煮五个钟头后就可以出锅。

再一个大节日，就是壮族所谓的“七月十四”也叫“鬼节”。家家户户都要做“艾馍”，主要原料是糯米泡水后去碾成米浆，然后放入一个棉布袋里，架在两根扁担上沥干，同时把割来的芭蕉叶用水煮过，拿出来沥干。馅可以根据个人或家底条件放入冬瓜糖、黄皮或炒过的花生去皮拍碎，或用芝麻搅拌制成馅，将芭蕉叶光面朝上、糙面朝下平铺，在上面抹上一层食用油，取约拳头大的糯米团，揉捏成槽后，裹入一匙羹左右的馅料，再把糯米团包好，放到平铺好的芭蕉叶上，边卷边碾压里面的糯米团，使其跟着在芭蕉叶里面缓慢摊开，然后再将芭蕉叶的两边向里对折包好后，就放到大铁锅里摆好的蒸笼里，用火蒸两个钟头后就可以出锅。

总之，后母每过一个节她总是忙碌着，虽然她跟父亲结婚后没有一男半女，但她还是尽了一个家庭主妇的职责。而我也在小时候喜欢在她身边看她包粽子、三角粽、糯米糍粑（艾馍）。

所以，回想这些往事，四哥这样打后母是不对的，毕竟她再怎么样，还是母亲啊。

再说，二嫂、三嫂和几个姐妹都同意四哥的主张，同心协力去摘八角叶来熬油给我，我才得以去西德城关中学读书。

我走后不久，后母也经常回娘家——巴头街去。

一九五二年下半年城关中学的初二和初三年级，即十五班至二十班学生，全部被县委抽调去参加“土改”工作队支援土地改革运动，集中学习和分配下各区时，我突然患了重感冒，发高烧达四十度，被送进西德医院留医一个多星期。我出院时参加“土改”的同学全部被分配到各区参加“土改”去了，好在当时这几个班每班都有因各种各样的原因留在学校不去参加“土改”的同学。

例如我是因病留医，有些同学是怕苦不愿去参加；有的是一心想读书要上高中上大学，所以不愿去参加，以免妨碍学习计划；有些是家长不愿让他们去参加。

当时县委也曾说明谁不愿参加“土改”工作队，可以留下来。

因此这五个班总共留下六十多位同学，学校就把这些同学组织起来编作一个班，名曰：学习班（因为二年级、三年级学生都各占一半，所以称这样的名字）。

学习班有二年级、三年级的人，需上两个年级的功课，所以经大家讨论决定只上主科：语文、俄语和数理化；放弃副科：历史、地理、生物和体育、唱歌、图画等科。上课采取复式教学法，有时这一节上初二的课，下一节就上初三的课。这样上初二的功课时，初三的同学等于复习。上初三的功课时，初二的同学等于预习，这样做对我们有很大的好处。

第六章　同是落难皆兄弟　齐心协力找食吃

我一生最痛苦、最困难的时期就是这个学期了。“土改”开始后，家中被迫交无法承受的余粮任务，余粮交不上，连我带到学校用的棉被、蚊帐和衣服都被学校动员交出来、寄回去，顶交余粮的任务。

在当时，余粮任务是贫下中农和“土改”工作队评估的，一般都是高评估，百分之九十五以上的“地富”家庭都无法交得起。

据我的四哥后来对我说，我家每年总收入的稻谷只有七千斤，他们却评估我家每年收一万斤粮食，我家茴油收入都不到一百斤，他们却作一百五十斤计算，我们的开支，光是三哥读书每年的茴油收入都不够他的学费，而“土改”时却以高收入计算，支出则按贫下中农的最低水平来计算，所以得出的余粮实际数量高得惊人。

就因为家中交不起余粮，我们被定为顽固的地主家庭，家中十几口人的生活十分困难，便顾不到我在校的费用和伙食费。

失去家中的供应，我在校只好靠到学生食堂捡残汤剩饭度日。此时学校何快校长又不断向全校“地富”出身的学生作动员：“你们一定要和‘地富’家庭划分界线，你们现在身上穿的、床上盖的都是封建地主阶级从贫下中农身上剥削来的财产，你们要认真划分界线，就是要写信回家动员家里多交余粮，未交够的你们要把从家里带来的金银财宝和衣服行李统交给学校，转寄回去给当地‘土改’工作队，只要你们真正和封建家庭划清了界线，‘土改’队欢迎你们，学校欢迎你们。这样，你们可以回去和‘土改’工作队要证明来，证明已交清余粮，学校可以给你们助学金，把学校的行李借给你们用。”

所以“地富”出身的学生们都纷纷把家里带来的东西全部交给学校，我的棉被、蚊帐、衣服（除留在身上的衣服外），全部交出来了。

有一个同学叫王宏山，他跟我同一个屯，家里原本也是有钱人家。在这场清算活动中，他家被清算得一干二净。为了能继续留在学校读书，他的父亲在一个漆黑的夜晚，挑着两个箩筐，沿着崎岖的山路，跑到离家有三十公里远的敬西县他的姑婆家去借谷子。他姑婆给他父亲装得满满的两箩筐，并用红薯盖过上面，让他父亲吃饱后，在黎明之前赶紧回到屯里。除去红薯外，把那担谷子作为余粮上交，这样他才得以留在学校并能借用学校的蚊帐、棉被等生活用品，不像我们这些家里交不上余粮的学生，过着食不果腹、衣不遮体的日子。

何快校长在每次学生交“封建财产”的总结会上说：“先报先光荣，后报后光荣，报了一身松。”

我们这些成份不好又被清算的“地富”家庭，虽然对何校长这种强迫行为很反感，但又能如何呢?

他也是根据上级文件来执行，不能说他有坏心，他没有把我们赶出校门已经很不错了。

我们这些成份不好的同学，为了读书而想尽一切办法，但家庭的环境是不是我们这些人所左右得了的。

还好，学校附近的生产队，地里收了的花生，因为拔不干净，还留下一些花生埋在地里，我们这些饿鬼就拿着锄头去挖。只要有长芽的地方，肯定会有花生。

就这样，我们这些饿鬼为了解决肚子问题，所有能想的都去做了，根本不去考虑什么脸面。

再说在学校交完行李和衣服，每天日无饭吃，夜无被盖。

只好按学校所说的，各人都回家去要求当地“土改”工作队出证明回来，要申请助学金和借行李睡。

由于靠剩饭生活无路费，我便到工程队找老黄，借得够吃两餐饭的钱之后便起程回家。

因长期吃不饱饭，缺乏油水，所以身瘦如柴，走起路来四肢软弱无力，每走十几二十里路便不得不在路边躺下休息一会儿。将近下午了，才走到古寿。在古寿吃了一碗粉后便上路，傍晚才上古桃坳，此时又饿又累，十分难走。好不容易到天黑掌灯了，才回到家里。

一走进家里使我大吃一惊，三叔被五花大绑严严实实地捆在大门旁，中堂坐着两个陌生的民兵守着。我走进里屋的火灶旁，后母、二嫂、三嫂和几位姐妹都死气沉沉地围坐在火灶旁边。后母、二嫂、三嫂脸上都流着泪水。

看见我进来后，后母有气无力地说：“你回来做什么？”

二嫂则起身掀开大锅说：“五叔，嫂知道你不爱吃三角麦的饭，但我们家的粮食全被贫下中农封起来了，这几天都只准许我们吃三角麦。你就将就吃一点充饥吧，明天嫂再帮你去求其他家借米煮给你……”

由于太饿了，俗话说饥不择食，我狼吞虎咽吃了两大碗三角麦冷饭，这是我有生以来第一次吃那么多的饭，而且是我历来最讨厌吃的三角麦饭。

吃罢饭后，三嫂也忙烧热水给我洗脚准备睡觉。

我想出门口转一转，刚要跨出大门，被三叔脚一伸把我绊倒。他趁机喊我：“过来我有话跟你讲。”

我坐起来，挪到三叔旁边。他小声悄悄告诉我说：“刚才你进去吃饭的时候，坐在中堂的那两个民兵马上去告诉‘土改’工作队和‘土改’

分子们了。我听他们在门口商量说，等你吃完饭后，马上把你扣留起来，明天送你到多儆区府去，等你家交够余粮才放你。但你家的余粮定那么高，连房屋财产和人卖光都不够交余粮。如果让他们抓去多儆，你再也不能读书了。所以，现在你马上离开家，最好连夜走，连夜跑回学校去，不然你就完了。”

听完三叔的话，我匆匆忙忙到屋里告诉大家后，便从后门走到后园去。本想从原路逃回学校，但我想起了去年离家挑行李去西德被民兵阻拦的可怕情景：

并县并校后那年，我和东专地主仔陆家统一起各挑一担行李步行去城关中学读书，刚走到洰岩村小学的门口，正在给学生上课的小学教师黄时录看到我们。他停止讲课，怒视我们。我意识到不妙，便小跑挑起扁担快速离开他的视线，刚走到陇丹那两个房屋时，却有两个洰岩小学的学生跑步追上我们，并赶在我们的前面继续跑步向前，而且边跑边回过头来张望我们，有一种嘲笑我们的味道。我意识到一定会有什么问题了。

果然不出所料，刚走到古桃坳时，正在那里放哨（守卡）的几位古桃屯民兵突然异口同声地说：“你们两个地主儿子，上面有通知，不准你们乱跑，而且叫我们送你们回去。我们现在还没吃早饭，吃完早饭后才得送你们到洰岩，由洰岩送你们回马鞍去……”

我俩被迫放下行李，被他们连人带货扣留在那里，进退不得。

大约过了半个多钟头时间，我想出一个脱身之计，假装说：“我拉肚子，我要去大便。”那几位民兵有的说：“派人监视他。”

有的说：“让我们去闻他的屎尿啊？这么笨。”

其中一个说：“让他去远一点，不然我们被熏倒。”

又一个说：“去远处，他跑呢？”

另一个又说：“他敢跑，他不要他的行李了吗？”

正合我的意，我可以不要这个行李，我特地假装很紧急，边提裤头边小跑离开他们，避开他们的视线之后，我开始快跑，一直跑到能吞屯才放松脚步。

就这样我遵循“留得青山在，不怕没柴烧”这句名言，丢开行李不要。当天下午到城庆中学报到并注册，我把当天在路上发生的一切一五一十告诉班主任卜运生老师。卜老师又将情况向学校反映，校长何快及时向县政府汇报。几天后，突然我得到班主任通知，叫我到办公室领取那担行李。

原来是班主任向学校反映后，何校长马上向县文教科反映，文教科又反映情况到县政府办公室，县政府随即通知多儆区政府查处。那时古寿还属于多儆区管辖，多儆区政府立即下令古桃屯民兵把这担行李寄到城关中学，寄不得就派专人送去，以免影响学生开学上课。

想到这件事后，我再不敢走那条路了，现在如果再被扣就和那时不同了，我便挑选走“马卡坳”这条偏僻小路。

这条小路由丁册屯到多余屯，经“马卡坳”，通古朋屯，全是人烟稀少之地，况且民国时期这里是土匪拦路抢劫和猛虎禽兽出没的地方，走这条路白天得有多人同行才敢走，晚上从未听说有谁敢走这条路。当时我居然以一个少年的身份敢走这条路，出人意料之外，当然我十分惊恐地逃命，逃命还有选择和考虑的余地吗?

好在有月亮，一路上几乎是属于小跑的状态行进，走到那西屯的公路边时，一直忐忑不安的心才安定一点，也开始感到有点累了，才放慢脚步，走到那西屯屯前的那段弯弓的坳顶上时，开始听到鸡叫了，走到古酒岩天正式发亮。

这次九死一生地逃离家乡回校后，因要不得证明，所以学校是不能给助学金的。

就这样家中断绝供应，学校又不给助学金，捡残汤剩饭又被那几个炊事员阻拦和刁难。那时真是叫天天不应，叫地地不灵。作为地主富农出身的学生，确实连“狗”都不如。

和我一样交不上余粮的同学有好几十个，其惨境在当时可想而知。但为了能读书，只要学校不赶我们出校门，衣服可以破旧，可以脏得不行，而肚皮总是要填点东西，不至于饿死。

可以说，我们这些“狗崽子们”在当时的处境下还能团结一致，有一颗互相关爱的心。

当时全校共有六七百人在校开膳，每餐六七十桌人吃饭，你几个炊事员尽管如何封锁都是顾头不顾尾的。

我们这帮“狗崽子”几十号人为了吃饱肚子顾不上什么是丑，大家都眼巴巴站在食堂周围，瞄准哪一桌同学最后一个盛饭后便冲上去死抓饭桶不放。

我们也经常得到同情我们的同学的帮助，他们有的特地帮我们霸占剩饭，留给我们。有的同学他们已经吃饱了，故意再盛一碗饭来倒给我们。也经常出现这些情况，有些我们的“狗崽子”同学，捡不到一点剩饭，或已捡得了剩饭，又被炊事员们抢回去，空手而归，泪痕满面。

因此，才有人提出，每餐饭全部集中出动，捡得饭菜先不吃，拿回来集中。这样才能保证“狗”同学也能吃上饭。

但那些可恶的炊事员经常对我们这些“狗”同学抢食而采取粗暴的行为，我们对此也适当地给以还击。

比如，一大早天尚未亮之前，我们派出几个“狗”同学在那些可恶的炊事员骑单车必经之路上，埋一条草绳横过路面，又提前把捡来的烂牛粪放在已挖好的小坑里，用细土埋好，等待他们车轮压过草绳时，两头一拉，就把他们连人带车翻倒在地，等他们爬起来时又正好踩到埋好的牛粪坑里，让他们脚上弄脏、衣服沾满灰土；或者砍来带棘的枝条埋在地里，他们踩单车路过时，单车就会碰上棘条而漏气。

经过几次不同地点、不同场地的打击，那些可恶的炊事员知道是我们这些“狗”同学干的好事后，也不敢告诉学校领导，哑巴吃黄连，有苦说不出。

在此之后我们在饭堂捡剩饭剩菜时，他们也只是睁一只眼闭一只眼，让我们能安心地填饱肚子。

哪怕是像猪狗那样吃残汤剩饭，我们也吃得津津有味。

也有在饭堂捡来的饭菜不够吃的时候，我们这些“狗”同学利用中午休息时间和下午放学时间，纷纷走到校外山坡上的红薯地，寻找农民收过了的但漏下而埋在地里的红薯。挖出来后，就在地头挖个坑，捡来柴火放下去让它燃烧起来，再把红薯放到里面。等柴火烧得差不多了，再用泥巴盖到上面，半个小时后就可以取出来吃了。那种烤出来的红薯很是让人口水直流，香味十足，至今仍让我回味无穷。

这是一九五三年上半年（“土改”时期）我们这些“地富”出身的学生在校的生活实况。

星期六下午和星期天食堂都是停伙的，在食堂开膳的学生都回家去了。

碰到这样的情况，我们这些“狗崽子”们便到校外自己去找吃的。

我当时就是先到粮食局找我五哥桂勋，他到县粮食局搞土磨（即拿泥土来，压在一个用竹木条编成的70厘米直径圆筐里，然后把竹片插下去作磨齿，这种土磨是当时把稻谷磨成大米的碾磨工具）。他做土磨的收入并不多，但每次我找到他时，他起码给你够一两碗粉的钱。

此外，还到工程队去找木工老黄，或到中兴街找表姐（卢家启的姐姐嫁给黄健雄而来跟丈夫生活），或到百货公司找吕雄和到供销社找吕政松。我也不敢经常去找他们，就是当找不到剩饭吃时，才不得不厚着脸皮去找他们。而每次找到他们，我都不曾失望过。

这种辛酸痛苦的生活，也给我们带来了好处。比如，有钱的同学他们起床洗漱了之后，就是上街买豆浆、油条、粽粑、食粑、玉米粉吃早点。

我们这些穷光蛋的“狗崽子”正餐还顾不来，谁还有资格去光顾这些饮食摊店。每天洗漱后只有老老实实往图书馆去“啃”课外书。

星期天,人们上街,上饭馆,上电影院。我们除了往图书馆“啃”书外，再者就是集中到芳山脚下的鉴河去洗涮“老顽皮”——“土改”时身上穿的衣服，除此之外其余东西都是封建地主阶级家庭的财产，都是交给学校、交给“土改”队的“余粮”。

所有“地富”出身的学生,除个别人有两三对衣服,大部分人都是“老顽一层皮”，只待星期天到河边洗了去晒。人就跑到河里去洗晾或摸鱼，待衣服干了才上来穿，完后回学校。如果天未黑，也只好往图书馆里钻。

因此,这个学期我看的书最多,如中国的四大名著《水浒传》《西游记》《三国演义》《红楼梦》，以及《鲁迅文集》、高尔基的《母亲》、奥斯特洛夫斯基的《钢铁是怎样炼成的》等。

由于看书多，文学水平提高很快，特别是写作水平。

不但老师给我好评，连我自己也感觉这个学期进步很快。所以，参加工作后在六甲学区，我曾被聘为教师文化学习班的语文老师。星期天高小文化程度的老师集中学习时，由我教授他们语文文化课，并由工会负责开支，每节课五角钱。

因此，我在贫困中也学得了不少东西。比如，学会坚强，学会刻苦，学会在恶劣环境中寻求生存。

第七章　年轻从军获荣誉　家业靠自己努力

父亲乳名瑞玕，字奇峰，号梁英。光绪十三年八月十六日申时生于儆德县多儆乡马鞍村，一个比较富裕又有名气的家庭。

父亲从黄埔军校毕业后，任广西全军司令中校参谋。曾参加过北伐战争，后来国共分裂后，加上我的母亲病重逝世，索性弃军回乡。

回乡后推脱不了老同学——黄旭初的邀聘，出任鹅城地区专员公署民团指挥副官，但不久又弃官返回家。

父亲爱好狩猎，他回家后几乎每晚上山打猎，并带上我家已养长达近二十年的那只四眼状大猎狗上山去。他的枪法很准，一声枪响，定获猎物，不管正在奔跑的黄猄、野猪、野猫，或者飞翔在空中的老鹰、天鹅……

只要他举枪扣响必定命中，他狩猎的地方遍布多儆乡的每一个村和森林。

除开晚上爱好狩猎之外，平时白天他总是爱看书或写诉状。他爱打抱不平，痛恨贪官污吏。他经常帮助那些没有文化知识的老实农民打官司。

例如，他为古寿乡甲荣村多余屯付盛学打的那场官司，能让付盛学死里逃生，使付盛学永世不忘。

为此付盛学逢年过节都是要送鸡送鸭来感谢他。

父亲又可怜他家里困难，多次趁去打猎时把鸡鸭送回去给他。他更是感动，后来付盛学改送父亲最爱吃的用嫩粉玉米蒸成的玉米糍粑，年年来送。同时，每逢农忙时节他都是自动到我们家来帮工。

和付盛学一样情况的人，父亲在密安村、陇洞村等地也帮他们写过不少的诉状，帮老实农民打赢很多官司，深受周围群众的尊敬。

父亲腰上常常佩带一只短枪，那年中央军的一个团到儆德驻扎，他们为了在儆德建一个“忠烈祠”，团长派一个连长带一连的士兵到我们马鞍屯来乱砍竹木。那时我们马鞍村两边种的都是竹木。我们家门前种的竹木最多。

所以，这些士兵直接到我们屯来，他们一到便不问青红皂白，一见木就砍。

他们先在马鞍旁边的贡深（土名）林乱砍，这些竹林是五叔和大爷的，所以五叔急忙来报告我的父亲说：“二哥，我和大哥的竹林全被中央军砍光了，现他们正在过来，看来二哥和三哥你们的竹林也躲不了啦。”

父亲听完马上走到门口竹林去，见到几个士兵正要砍，父亲大吼一声：“住手，谁乱砍民众的竹林？”

那些士兵看这一位身着唐装的民众敢来讲他们，他们便凑到父亲的面前指手画脚地骂父亲，其中一个士兵望见父亲带一支短枪，更加龇牙咧嘴要来没收父亲的手枪。

只见父亲不慌不忙地说：“你们要收我的枪吗？可以，我瞧你们几个，没有一个是当官的，和你们讲没有用，你们今天来多少人？是一个班，还是一个排，或是一个连？排长、连长来没来？”

有一个士兵说：“我们连长来了。”

“你马上叫你们的连长来，我要见他。”父亲命令说。

一个士兵急忙去把连长喊来，那连长一来到我父亲面前，用鄙视的眼光说：“是你不让砍竹木？”

“对。”父亲说，“你暂时别发火，先到我家坐一坐，我有话要对你们的上司说……”

“你认识我的上司？”

“对，你们先到我家走一走再说吧。”

那个连长有点不耐烦地跟我父亲往家里走去，当走到家门口，正往石梯上走时，父亲故意指门槛上挂着的那张“中校第”横牌问那连长:“你知道这几个字吗？”

那连长一看，吓呆了。父亲又喊他进屋后，屋中堂正中挂着一张六十厘米长、五十厘米宽的扩大照片，相片人穿一身呢军官军装军帽，腰佩一只短枪，小腿打着绑带，相片下面写着“中校参谋梁英”。

父亲指着那张相片问那位连长：“你看像不像我？”

那连长看了相片后立即两脚一靠，笔挺挺地立正之后，便向父亲敬个军礼。

然后躬身哈腰地说：“卑职有眼不识泰山，望团座见谅。”

父亲又说：“这张相片只不过是陆军干校毕业后的那几年照的，还有黄埔军校照片。”

说罢用手指中堂两边所挂的一张张合影或独影，父亲特别让那连长详细观看那张黄埔军校毕业合影，之后问：“你认识相片中多少人？”又指一张只有几个同学合影的相片说，“这是我黄埔军校毕业后任广西全军中校参谋时照的……”

那连长看后面色煞白，一时说不上话……

结果大爷和五叔被砍的那些竹木还是让他们付钱了才得拿去。

我家原来的家业，除祖父原在马鞍建有八开间房屋分给父亲和三叔各四开间之外，后来父亲另建三开间泥墙结构的磨坊，“土改”时分给梁宁元家。父亲分得的这四开间房屋的中堂即祖宗堂，装修得十分堂皇高雅，宗堂上方嵌上一块雕刻龙飞凤舞的花样，两边是刻上树木花草和珍禽奇兽的图案。当你走进这个家门，一望这个屋的门楣和中堂，以及中堂两侧板墙壁上所挂的大量相片，就知道这是一个不平凡的既是享有名气的军官之家，也是当地富豪之家。

祖产还有奶奶早在多儆街上建了一个四开间大的房屋。奶奶是多儆街上石家人，自从祖父在街上建这间房屋之后，奶奶就长期住在街上的这间屋子里。五哥梁桂勋断奶之后，奶奶就抱他到街上同住。

待五哥桂勋长大成青年时，奶奶便喊父亲和三叔到跟前，对他们说："你们兄弟俩在此我郑重宣布一件事，依桂（五哥）从小到这里来与我同住，现我决定将这间房屋留给依桂，所以叫你们来，讲清楚，我给依桂。以后你们都不能来争，不能说什么，特别是父东（即我父亲），你找得钱，你不能不服气，父松（即三叔）你也要明白。这间房子我给桂勋，就是桂勋所有，其他依森、依卓、依机、依环谁都不能来分要。"

奶奶这一说，如果父亲不是孝子，不是尊敬奶奶，涵养不高的话，根本是不服的。

父亲二话不说，满口答应："由母亲做主，孩儿不会让您失望。"于是，父亲只好自己花钱在多儆街十字路口，即卢家路、家作对面另建一个房屋。

新中国成立后我家被划成地主阶级之后，这个房屋被分给石柳重（即石朝海的父亲）、石朝庭、石连曼这几个"土改"分子。

父亲当年当那么大的官所过的生活水平比起如今我的生活水平，可以讲昔不如今。

当年只有他本人是餐餐吃鱼吃肉，他本人可以用绫罗绸缎，但他的孩子们即我的兄弟姐妹还是长期吃稀饭和穿那些缝缝补补的衣服，只有过年才有新衣服穿，但还是用土布染成黑色缝制而成的，灰不溜秋。

就全家人来说，只有三哥是才貌双全、学业优秀，得到他的器重。我属于幼子，除了得到他的欢心溺爱和另眼对待之外，其他人全和那几位长短工同桌吃饭，同样劳作，衣着同等，睡得暖罢了，谈不上像改革开放后我那帮小孩谁肯穿一件缝补的衣服或鞋袜？更不用说穿黑土布了，少哪一天没有鱼肉上桌？

父亲所购置房屋财产当然比我现在多得多，所以新中国成立后他一开始就被划为地主阶级，他被划成地主。据了解，在当时就儆德所有地主来说，他应该是比较上层的地主，地主地主，顾名思义，有田地多，有财产多，便是地主了。

就我家田地而言，在马鞍屯老家的田即多造那一排田和坎洞那几块大田以及优中的田，此外在密安村、陇洞村、多儆村、务洞村，以及珍榜村都有我家的良田。

但这些村的良田并不是我父亲用钱买的，也不是贪污勒索所得来的。这些田原来是历代以来定为“官田制”，是旧时代用这些官田制专供给当时本地当官的人家里耕种，即相当于乡村统筹金那样，用统筹金去养活部分乡村的干部或福利。

后来官田制废除时，正是我父亲弃军还乡之时。他得知官田制废除的消息，便写信给省长黄旭初，说自己回家定居，不需要国家照顾什么，只要将儆德县原来的“官田制”的田给他作为他的养老生活（就如养老金那样）就得了。父亲的这一要求，不论当时认不认识当官的都应该得到批准的，更何况当时省长黄旭初又是父亲的同学和同事，所以父亲的这些要求就能如愿以偿了……

第八章　逃难不知何处去　最后生死竟成谜

父亲得到这些官田制的田归自己，完全是他一生从军的功劳，这是天经地义，合理合法，更不是谁能瓜分得的。

可是三叔就是不理解这些道理。当兄弟分家时，他硬是闹着这些田也应该分给他一半，父亲不同意，为此兄弟吵了嘴。三叔甚至不认这个兄长。

有一天他搬来许多小石头往我家的房屋乱丢乱砸，打烂了好多瓦片。父亲忍无可忍，为此喊大爷、五叔、梁敬勋等人来当场调解，但性情粗鲁的三叔不听众人劝告，仍然大打出手……

为此兄弟反目成仇，从此鸡狗不相往来，狭路相逢都是你睁我怒……

后来三叔和叫亩屯的卢星南（国民党儆德县政府财政科科长）及多儆街的王开方（即王宏发的祖父）有过结。当时他们这两个人是儆德街的地头蛇。王开方的大儿子王烈是儆德参议会的议长，次儿子王珠庭是多儆乡乡长（这两个人新中国成立后被公审——枪决）。

三叔身上经常佩带一只短枪和一把刺刀。有一段时间，鹅城专员公署派一个巡查组到儆德县政府巡查工作。卢星南和王开方秘密和他们勾结。

有一天他们有意安排巡查组下马鞍村去巡查，事先他布置他们的手下前往马鞍密查得知三叔在家，便令一个与三叔相识的人悄悄勾引三叔到路边来聊天。待巡查组将走近他们时，他事先布置埋伏的人突然蹿出来和三叔无事找事冲突，勾引三叔拔刀拉枪。然后，他们合伙说三叔企图对巡视组行刺，让巡查组当场从三叔身上收缴刺刀和手枪，以行刺巡查组的罪名逮捕入狱。他们再用金钱贿赂巡查组上报，鹅城专员公署下令处以三叔死刑，并急令儆德县政府将三叔带上死刑木枷锁，套在脖子上，押送天保县等待处决……

当父亲得知这个消息的时候，第二天儆德县政府要将三叔送往天保县政府牢房待处决时，父亲并不因为他和自己互不相来往就不理事，而是立即配上一匹马赶在三叔到天保之前事先到达天保县政府活动，然后急电南宁黄旭初……

原来他们想押到天保之后几天内处决，后来只几天在我父亲的大力活动之下，三叔又被无罪释放……

父亲能海涵大量，当时我还小不懂事，曾问父亲："三叔这样不认你了，你为什么还去救他？"

父亲便引用《三国演义》中刘备说的一句话："兄弟如手足……手足断，安可续？"

一九五〇年，父亲预料自己会成为目标，所以他就不轻易出多儆街。果不出所料，不久马鞍这个家便第一次被清算。本来儆德县带人来清算的那天是要把父亲也抓去斗争的，但早有嗅觉的父亲已经躲避起来。

逃脱出来的那一天之后，见家中也被清算了，于是便带上二哥和三哥逃下巴头去找陈大刚（也是巴头乡赫赫有名的"伪人员大地主"）共同跑上东凌乡寻找何芝奇（何芝奇是东凌乡的大地主，也是"伪军官"）。他们这些人由于都是国民党的"伪人员大地主"，都是游击队闹革命的打倒对象，所以逃在一起，这就是当时所说的何芝奇匪帮……

这些人一起跑到西林马蚌乡那岩寨，那里山高林密，他们在那里招兵买马。好多从贵州兴义跑过来的有钱人和残匪也加入到何芝奇手下，共有数百号人之多。他们依着山寨与解放军对抗，一直打了三天三夜，最后打不过解放军，山寨最终被解放军攻破，何芝奇等许多人被抓获。

一九五〇年底何芝奇在儆德县被枪决，枪决何芝奇那天，同时也枪决王烈（王宏发的父亲）、王珠庭兄弟俩。

我父亲一直下落不明，据表哥吕楚仁说："他和我一起在西林马蚌乡那岩寨被抓之后同关在一个监狱里。有一天傍晚，被提审离开牢房时，他丢给我一件毛衣说，我可能不得回来了，你就用它吧。出去不久便听见几声枪响，之后一直不见回牢房，后来也不知下落了。"

我估计枪响一定是被枪毙了，但说枪决应该出布告，是不是提审出去逃脱了，或者有人搭救了父亲，给那些提审人钱而让他们有意放他逃，才放枪……这确实是个谜。

一九八四年忽然从陇洞传出消息说，陇洞有位农民到云南省的一个叫洞布屯去贩牛，碰见一位老人。他说老人是从多儆百六、马鞍来的，和他谈话间老人对多儆的一切历史都很清楚。他说，老人是离家逃难后改名换姓到洞布屯的，又到一家寡妇上门，之后常年以打猎为主，上门后又生一子……

从传说中百分之八十是父亲，特别说他好打猎，更使我相信无疑。

因此，我曾经亲自到云南富宁者桑屯找我的侄儿梁德元，但德元总说没有此事。

梁德元随母上云南之后，长大成人时便到者桑乡白追屯一姓韦的妇女家上门。德元上门后并没有安心务农，因为他出身豪门子弟，虽然不得读什么书，但书香门第自然有些聪明，所以经常做点贩卖牛马等生意，整个云南几乎到处都有他的足迹。

他对我说："五叔，你不要相信人家传说，德元在云南哪个村屯不到过，从来没有听过此种传说，况且德元怎么不寻找爷爷和父亲呢，没有的……”

一九八六年多榜屯的谭登天又传出他到云南行医，曾经遇见过我的父亲，他说我父亲还活着。

谭登天是我二哥娶的妾谭秀尼的侄儿，他与我家是亲戚关系。他也确实认识我的父亲，但他所说的是不是真话，我曾想找他过问一次，始终没有时间见到他。

一九九八年农历八月初五我花了五百多块钱买石碑请人刻了碑，买墓地立碑建墓，在马达屯旁的一土名叫马限地立墓树碑纪念他。

父亲一生娶三妻，原配妻子岑氏，系天保县都安乡三合村三合屯人，她共生育一男两女。长男如东，字安勋，排行二哥（因祖父梁珍春指定按出生先后序，大哥是三叔所生的长男梁如松，我二哥出生次之，所以虽然我家是长男按两家排行，还是被称为二哥），大女梁绕初、二女梁绕酥。不幸原妻病逝。我母亲就是父亲的继妻，是敬西县魁圩乡多宁屯农时雨之女，据说她是当时美貌俊俏、美丽过人的美女，性格善良、勤劳，态度和蔼。

母亲共生育三男三女，即三哥梁平勋、四哥梁兴勋、三姐梁绕仁、老五（梁高勋就是我）、四妹绕娥、五妹绕林。

母亲虽然是我父亲的续弦，但她对父亲死去的前妻留下的小孩一视同仁，没有厚此薄彼，有好吃的总是按大小分配得当，新年做的新衣服总是每人一套，不管是自己亲生的，还是前任生的，所以很得到父亲的放心和支持，父亲在外面工作也就没了后顾之忧。

可惜母亲三十九岁时因为一场重病无法医治而死。

母亲逝世时，我的五妹还爬上去吃她的奶，好可怜的。

不久父亲又娶个后母吕氏，是巴头街上人，是吕红仁的姐姐，她与多儆街吕勇仁、吕政丰这些吕家是堂兄弟，现在我喊吕勇仁为舅，喊吕政松、吕政丰为表哥就是这个原因。

我的后母自从她到我们家后，除开三哥和我因为受到父亲的宠爱，她不敢肆意虐待之外，其他兄妹都受尽了她的虐待，特别是四哥兴勋和五妹。四哥生性顽蛮，小时不喜欢读书，经常逃学，违反学校纪律，爱赌，回家不听家教，专做违反家规、违抗父命的事，所以只读到小学三年级，就被父亲拉出校门，后到处流浪。

五妹是家中最小的，也是被后母虐待最狠的人、受苦最深的人。有一次，不知为什么事被后母把她从住的楼面上丢到牛栏地上，好得被二姐发现，下去抢抱上来，当时已经哭得昏迷过去，好久了，才醒过来。

那时三哥也正放假回家，知道了这事后，便和她论理并告诉父亲。

父亲把后母大骂一轮，因为父亲很爱三哥，也很听三哥的话。她对五妹才有所收敛。

父亲虽然解放初曾因为是国民党军官而被封家、清算，也因被划为伪军官伪人员和地主阶级分子无法待在家中而离家逃难。但是自从党的十一届三中全会召开之后，在召开黄埔军校同学会时，我父亲的名字就在黄埔军校同学会名单上。为此，后来儆德镇文化站编写的原儆德县志列出当年儆德几个之最（学历最高、官位最大、名扬最远）中，父亲名列榜首。

第九章　二哥官场本风光　落难妻妾各逃亡

二哥乳名如东，字安勋，生于民国五年（1916年）六月初一日。一九五〇年随父逃离家乡之后，与父亲一样下落不明。

二哥少年时最幸福，曾跟随父亲到过许多大城市，青年时在南宁读广西干校，毕业后曾长期任巴头乡乡长和多儆乡乡长。

二哥刚在巴头当乡长时，身上穿着一套唐装，胸前佩戴国民党党徽，头发开分，保持油光油光的，很是潇洒英俊。经常在乡里组织青年人学习，宣传孙中山的“三民主义”，还拿孙中山的《建国方略》来研读。

他在工作中极少得罪人，人缘极好，办事也比较公道。如有一件关于祖坟地的纠纷，一个是有钱人家，在县里又有个当官的女婿；一个是佃户人家，贫穷得吃了上顿没下顿，更别说有什么后台了。

那户有钱人家家里有两个老婆，大老婆生有四个女儿，二老婆娶回来五年了，却一男半女都没有。于是，有钱人家就去找一个半瞎眼的风水先生来帮他找坟地。半瞎眼帮他找到一个坟地，就是在那佃户人家的祖坟旁边，但半瞎眼说必须让那家佃户把祖坟搬走，否则会受影响。

有钱人家自以为有些钱，以为有钱能使鬼推磨，再者县里有个当官的女婿撑腰，经跟佃户人家说让佃户人家搬走，但又小气不想给钱补偿人家，欲强行霸占坟地为己有。

佃户人家不服，把状告到乡长二哥处。二哥受理并亲自去调查，确认那坟地已埋有五十多年，碑上记载有时间日期。

但有钱人家为了达到占有目的，想通过贿赂二哥，再加上让他女婿给二哥施压等手段欲强占佃户人家的祖坟地，二哥坚持原则，不为金钱所动，也不畏权势所压。

在乡里开庭并判决佃户人家赢。佃户人家很感动，本来认为打不过有钱人家，必输无疑了。谁知二哥会判他赢，当场在二哥面前跪下磕头，千恩万谢。

在巴头乡旱地多，水田稀少，并且还得是靠天吃饭。在好的年份，如雨水充足的时候才有些收成，才有大米吃，其他都是种些玉米、红薯和燕麦这种粗粮为生。

二哥为了让巴头乡老百姓吃上大米，提出兴修水利，动员乡民每户出一个劳动力共一千多民工，修一条水渠，将鉴河水引到巴头乡来，这条水利总长有十二公里，修建成功的话可灌溉整个巴头乡五千多亩田。

在二哥亲自带领下，经过两年的努力，在付出六人生命的情况下终于修建完成。

巴头乡老百姓为感激二哥为乡民修这个水利工程、造福一方，在乡府旁的一块空地上大家捐资建一个凉亭，起名叫望安亭。

在巴头乡，土匪相当猖獗，匪头名叫苏汉东，手下有二十多号人。此人经常带他的手下在儆德乡和巴头乡交界处的古坳山打劫过往客商和路人。那些客商和路人对这股土匪又怕又恨，有些人每年都要花一些钱来进贡，没钱人就送一些粮食以保平安。

但苏汉东这些土匪贪婪无比，采取绑票、敲诈等手段，向大户人家要更多的钱财。有些大户顶着不给他钱，就撕票。

特别有一件事，有一位军官是巴头人，他到广东黄埔军校读书，属于黄埔五期的，毕业后曾参加广西昆仑关战役，与日本鬼子拼杀受伤。

在伤好后他回巴头探亲，在他回到巴头和徽德交界的一座名叫古坳山时，被苏汉东这帮土匪拦路抢劫。他拔枪奋起反抗，无奈土匪人多势众，一个抗日英雄就这样眼睁睁地倒在这帮土匪的枪口下。这件事轰动了整个天保县。

当时县长黄德明下令二哥带领巴头民团一百多号人去攻打古坳山的土匪，务必要消灭这帮土匪，一是为抗日英雄报仇，二是除掉这些害群之马，确保一方平安。

二哥在广大乡民的帮助下，加上民团一百多人的不怕牺牲精神，经过三天两夜的激战，最终攻下古坳山的匪窝，但苏汉东很狡猾，在眼看着顶不住的情况下，让手下人在山上的关卡坚持守住。他自己却通过早些年已挖好的地道从后山溜走，直到新中国成立后才被解放军从深山的一个山寨里抓住，并拉回巴头乡府执行枪决。

二哥在巴头乡和徽德乡为老百姓做了不少的好事，两个乡的老百姓特别是上了年纪的人至今还在提起他。

再说二哥的家庭。二哥原配妻子苏翠春是雅里屯人，苏氏生育两男一女，长男梁德元，次男梁明元，女儿梁芝娟。“土改”时，二嫂家中财产被没收精光，还被赶到百六屯十一个人只有两个床铺的住所，过着凄凉的生活。

因承受不了天天挨批斗，无法生活下去，所以二嫂寻了短见。

一天她带上幼儿梁明元（刚五六岁）一起到多别（土地名）八角林树下找来断肠草煮了先灌给明元吃了，然后自己才吃。后来被放牛的人发现，叫屯里的人去抢救，经用大粪灌下嘴去，二嫂得救，明元因先吃，已经久了，救不得而死亡。

二嫂救活回来几个月之后，待她身体恢复正常便带德元、芝娟上云南富宁县者桑乡改嫁去了。

德元到者桑跟随其母亲生活几年之后长大成人，到同乡七追村百追屯一姓韦家上门（入赘）。德元共生育四男两女，都是按云南风俗孩子随母姓，长男韦盛刚、大学毕业，曾任富宁县地税局局长；二儿子韦二，结婚后与父母分家，夫妻在家务农；三儿子韦枫，是一九九二年韦盛刚结婚时我去云南，把原来家史告诉他们之后，他马上恢复父亲原来的姓，取名梁枫，中学毕业之后分配在一个林场当秘书，后又考上北京林业干部管理学院读大学，读书毕业后现在富宁政府部门工作；老四韦早，当年（一九九二年）还正在者桑中学读高中，如今两个女儿已经出嫁，其二女嫁到者桑乡上一个比较有钱的司机之家。

女儿梁芝娟也已经成家，家中生活普通。一九九二年在相分离四十多年之后，叔侄相会在富宁。她也已经白发苍苍，是五十多岁的老婆子了。

二哥于一九五四年在多徹任乡长时又娶了一位妾，名叫谭秀尼，登榜屯人，即现在谭登天的姑姑，当时是一位相貌非凡的女青年。由于二哥与父亲他们逃走了，她才与一位军人再婚。

该妾在我们家并没有生育，后随该军人到西德县城又转恩隆县。据说现在恩隆县平马镇安家，是一个退休人员，养有两个儿子，都是司机，生活听说过得不错。

第十章　都怪后母太小气　三哥学校不肯去

三哥乳名如棕，字平勋，生于民国十九年，即一九三〇年六月二十五日子时。我家九个同胞兄弟姐妹中，他是最受父亲宠爱的人物。他生得五官端正，一表人才，可称是才貌双全。

三哥生性十分聪明，从小到大在校读书一贯是名列前茅的优等生，而且写得一手好字。父亲经常称赞说："他的手笔可算是继承得了我的手笔了。"父亲的笔法很好，当时儆德县城所写招牌、对联等，算是我的父亲和黄河写得最好了。

新中国成立后（一九五〇年春）他正是在广西儆德高中毕业班就读，如果他不请假出事，当年七月就要高中毕业升入大学了。据我的表哥陈正谨（当时任儆德高中教师）一九五六年对我说："你的三哥当时在敬西高中毕业班中与早逝的梁开元一样一贯是班上名列前茅的。当年儆德高中毕业班的同学全部都考上各类大学，如果你哥听我讲，不回家去，现在他不是已经大学毕业出来工作了吗？"

原来当年三哥在毕业班读到半学期时，由于家乡正闹匪乱，特别是我家一解放就被封门清算，所以他的日常费用和伙食费没有了着落，家中没钱寄给他，他便请假回家要钱。

据表哥说："当时我洰洋的家也被清算了，我知道各地有钱人都是一样的，你家更不能例外，你不要回去了，就与我共同生活下去。只过两三个月就考大学了，考上大学后就不愁什么费用了，就算家中接济不得，最多零用缺一点、艰苦一点，也可过得下去的。但他不听我的话，坚持回去。这一去，永远回不来了。”

其实当时三哥回家时，家中刚蒸得了一担茴油，只要家中拿给他十把斤油，他便回去的。就因后母吕氏的妇人之见，目光短浅，她说：“家中财产都被没收和清算了，这些油不留放以后，全家人吃什么？”

她还说：“像我们这种地主阶级读书是没有前途和希望了，还读什么读？”

她主张不给钱，不给三哥再回学校去，因此三哥一气之下便和后母吵架。那时父亲一贯是听从后母的指挥（自从后母来我家之后，家中一切都是她说了算），父亲虽然一贯宠爱三哥，现在也都采纳后母意见。

但三哥也不示弱，故意爬到屋中堂在祖宗堂前躺着大喊大叫，大骂后母。

后母她也出门口来大喊大叫，说：“你再闹多也没有用，你这不知好歹的东西，家里现在都被清算成这个样子，要吃没吃，哪还有钱供你再读书。这担油要留下来拿去卖，才能换成大米回来，难道为了你一个而让全家跟着饿死吗？你不要自私多，也要懂得为别人考虑考虑，你现在就是死，我也不会让步的。”

当时父亲正到屋边的“贡布”林要什么，听见后母大喊大叫，他气冲冲跑回来，看见三哥躺在屋中堂上。他大骂一轮，三哥还不下来。他一气便进屋里拿那只双筒猎枪出来。好在五叔早听见吵架而急忙跑过来拉父亲到他家去。刚出门口，父亲的双筒猎枪响了，他不是有意打，否则三哥还不是成他枪下鬼了，五叔又抢下父亲的枪。

三哥因要不得钱，就不回儆德去。几天之后，儆德县大队加上大量的贫雇农成立了儆德县剿匪大队，到我们屯清匪，主要目标是抓我的父亲。父亲闻风而逃，带上二哥、三哥及当时儆德街上的卢家景、林忠床、表哥吕楚仁……这些原国民党儆德县政府的伪人员伪县警等一帮人逃到巴头乡陈大刚(是巴头地主大恶霸)处后,又拉上东凌乡参加何芝奇匪帮……后来生死不明，至今毫无音讯和下落。

三哥的妻子卢氏碧是僦德县多烈屯卢锦章之女。卢锦章当时是僦德县全县最出名的财主，其子卢汉雄是县民团大队的大队长，他家堪称是有钱有势的豪门家庭。

卢汉雄在解放僦德前夕，与副县长罗英一起率县大队起义，后来是起义有功人员。

三嫂到我们家不几年就解放了，她生育的女儿梁芝荫约三岁，非常活泼可爱,“土改”前因病而夭折,如果不清算其家庭财产,能有人身自由。小孩病了，能去医院的话，小芝荫不会夭折的，但当时……难讲了。

“土改”时我家房屋财产都被没收去给贫下中农如王之松、王承江和卢家启了，他们是“土改”根子(雇农，穷人才能立为“土改”根子)，在“土改”运动中是最红的人、最讲得了话的人。分地主财产的时候，首先分给这些“土改”根子。我们全家十一口人(二嫂四母子、三嫂母女四个和三姐妹)被赶到百六屯林作昌家，林家一无所有。

由于十一个人只有两床铺子和两床烂棉被，大家承受不了，已经被清算和批斗得魂不附体。头脑昏花的三嫂居然失去了理智，被一位媒婆花言巧语引诱她再嫁给马打屯一个年龄相差十几岁的“土改”根子，名叫公享的壮年人。“土改”过后不久，分得地主的财产毕竟吃用不了多久，也由于文盲和头脑本来就笨，正如古人有一句土话“老鼠的尾巴长不了大疮”。公享既当不了任何干部，生活也照样清贫辛苦，在屯里仍然是生活过得最差的一个。

三嫂嫁给公享不知吃尽几多苦，受尽几多累，苦活累活全由她一个人承担。

公享整天游手好闲，农活不想做，小孩也不管。家里值钱的东西，哪怕是一把烂了的洋铲，他都拿去称斤卖，再去买酒喝。

那时真为难她，不知是用什么把几个小孩拉扯大。

第十一章　一声三嫂泪汪汪　诉别三哥欲断肠

一九八四年我调到多儆初中之后，经常在多儆街上与她相遇。

但她总是躲躲闪闪，不敢与我打招呼或讲话，好像是有着深仇大恨一样。

有一天圩日，我见她摆卖青菜，我特地走过去叫："三嫂……好久不见了。"

我说出这一句话之后，我的眼泪忍不住要掉出来。

她听了我这一喊，竟然先流了泪，然后俯下头不再看我，也不答话。我故意拿一把青菜，放下五块钱就走开了，当时每把青菜只一角钱。

旁边在一起卖菜的人跟她说："那个叫你三嫂的人走了，他为什么叫你三嫂啊？他是你亲戚？那么大方要一把青菜，给你五块钱去。"

她听这么一说，抬起头来并拾起那五块钱要来追我。

旁边人说她："人已经走远了，既然他给你，你就用吧，以后有机会你做点糍粑、米花之类送去给他就是。"

待到春节之后，即正月初四，我回学校后，她特地做一些米花亲自送到学校我的住房来，一进我房间，只喊一句："五叔。"竟又泪如雨下，说不出一句话来，我也止不住自己的眼泪，大家都流泪了好久好久。

我才说："这是社会造成的，不单我们这样，全儆德至全国所有在旧社会有钱有势的人都落到像我们家这个地步。有些人被拿去劳改回来后没了户口成了黑户，房子早被别人分光；有些年纪大了无人理，只好四处流浪。你看现在街上那个经常去饭店捡剩饭剩菜的老头‘大牛’，他家以前是大地主，很有钱，现在劳改出来沦落到这地步，神经有问题，像痴了似的整天在外面逛，无家无亲人，多可怜。”

“相比之下，我们也许比这些人处境还好点，也知足了。”

她抽抽噎噎地说：“嫂更多一个后悔，千不该万不该听媒婆的花言巧语，就在‘土改’全家都十分困难和痛苦的时候丢下你们这帮小弟妹而离家跑来马达跟这个穷老头，嫂对不起你们叔叔姑姑们……”

“三嫂，我们不怪你的，当时的环境不是你所能左右的，你也是被逼得没办法才走这一步的，如果不是形势所逼，谁会走这条路啊。何况你一个女人还带着侄女她们，你很不容易啊。所以你别为了这些现在还耿耿于怀，把心放宽些，一切以后都会好起来的。”

“唉，如果你三哥当初听我的话，他现在不是还活得好好的，我也不会受这份罪了。”说到三哥，她泪水流个不停。

“三哥回来时家中有一担茴油，父亲是给的，但母亲不给，他便与母亲吵架，父亲便骂他，他便赌气不回去。”

“过几天，嫂便拿出自己的一把金钗和几个金戒指拿给他，要他拿这些去卖，他不吭一声，嫂以为他见太少不肯要，便拿所有的金银珍珠统统拿出来给他，让他拿去，说保证够他读大学的费用。”

“但他竟望着我而痛哭，我问他为什么哭？他一声不响就是哭，哭得像泪人一样。”

“那时因为听闻贫下中农天天都到地主家里去翻箱倒柜，嫂怕有一天被他们翻箱看见便将所有的金银珍珠都集中放在了个小镜箱里，挖出房间泥砖墙几块泥砖，然后放这个小箱的金银珍珠进去，又把一块泥砖封好，你三哥和嫂一起搞的。”

“几天后的一个晚上，有人通知说县府派兵来抓父亲了，当晚深夜他便和父亲、二哥一起离家外逃。嫂曾对他说，快把那箱东西带走去，送爸爸出去躲好之后，你马上回学校去。”

“我什么能有良心拿你的金银去花呢？其他财产都被没收完，这些金银一定留下今后你用啊，我自有办法的，你不必担心……”

说完，他就匆匆离家与父亲、二哥上路了。

“后来我每次离家上街，回去后，我都注意看那箱东西，始终还是好好的，料想不到‘土改’时那天突然叫我们全家人出门口来，排队就带我们到百六屯住，永远也回不去了那个家，现在我还惦记那箱东西是不是还藏在那堵泥墙中间呢？我自来马达后更不得回去了。”

我对三嫂说：“那时你住的那个房间的那堵泥墙已经没有了，现在是卢家益、群元、杨桿同分住我们那个家，那堵墙不知是谁拆的，不知是谁发了这个横财，也没有听见谁得……”

“如果他听我的话，拿了那些东西就回学校去，他怎么不得读大学呢，他又怎么成为现在下落不明呢？”

说完，她又悲伤地哭了。

古人云：“一失足成千古恨，一念之差悔终身。”

这句话本意不应该套在这里，但我三哥和三嫂所走的路，何尝不是这样？

第十二章　自小读书不用功　病死有儿给送终

四哥乳名如炯，字兴勋，生于民国二十年，即一九三一年九月二十三日子时，诗曰："此格推来事不同，为人能干弄难庸，中年还有逍遥福，不比前头远不通。"

此人一生无妻室，他虽然生于书香门第之家，也是富豪名人之子，但他从小就性情顽蛮、调皮，小时候经常带我出去玩，如在李果成熟的季节，拉我到人家果园去偷李果。因为我年纪小，他总是让我在园外放哨，他悄悄进去爬到树上去摘，待塞满裤袋后才溜出来。

只要每次说出去找果吃，我总是像跟屁虫一样跟在他后面，从不落下一次过。

有时我周末回来，他就带我去山里的小溪摸鱼虾。他摸鱼虾很老手，常常手到鱼捉，极少落空。但也搞得一身泥巴回来，被父亲看见又被骂一轮，他无所谓，被骂习惯，也麻木了。

他少年读书经常逃学，旷课、违反校规，在家不听家教，违背家规，违抗父命。

只读小学三年级就被学校赶出校门，被严父赶出家门，逢年过节都不得回家与父母兄弟姐妹欢度节日，一年四季到处流浪。他在我们这个家庭成员中算他最下等最苦的了。

我家几兄弟只有他文化水平最低，可这也怪不了别人，只能怪自己罢了。

四哥不读书，在家就被父亲赶他去与两位长工天天去做农活。而四哥个性强，脾气硬，父亲这样严厉，他一点都不怕。特别是春节期间，全屯人都到处赌钱，父亲也好赌，但他限制我们几兄弟不准参加赌博，也不准到旁边看人家赌钱，特别年初一、初二、初三这几天村里的人赌博最热闹（抓摊的、打纸牌的、推牌九的），父亲总叫我们几兄弟和他坐在家中烤火，写字、听他讲故事。我和三哥都做到了，就是四哥做不到。

四哥经常被父亲从赌场里拉出来打得半死，但他始终还是往那里钻。父亲十分恨他，所以四哥不是春节前被打而离家，就是春节后年初一或初二被打而离家，到处流浪，这也是四哥自作自受的结果。

其实要说四哥一无是处也不对，他小时常赌是不假，但家里的活他还是做的。当然开始是被父亲逼着去和长工一起做的，如耙田、种地、收割、榨油等，他都会去做，特别是他被父亲赶出家在外流浪的时候，他去给别人打工，去给木工师傅当下手。

由于他人机灵，悟性也好，在跟师傅学做木工学得很快，加上他人也勤快，很讨师傅们喜欢，都愿意把木工技术传授给他。因此，他在外流浪就学得了一手好的木工手艺。

新中国成立后其他兄弟都离开家了，我是离家到西德县城关中学读书。只有四哥在家因是地主的子女，由他一个人承担着地主阶级家庭罪名的替死鬼。

一九五二年他正是青年时期，经人介绍，他和洰岩屯一位姑娘谈恋爱，已经到了谈婚论嫁的地步，而且经媒人拿酒肉糖果与家长提亲了，后来相约到当时的村公所要登记结婚，竟被村支书卢佳温（东专屯）故意对女方说："全村贫下中农的青年人大把有，你为什么不同意，而偏偏去嫁一个地主仔？你是不是思想有问题？这是政治立场问题，你跟这种身份不清的人在一起，以后你的小孩就得跟着背黑锅，不仅影响前途，读书上大学政审都不过关，你可考虑好，我对你说的话都是出于对你一生的负责。”

说得女方无话可答转身跑出村公所。

当时没有经过结婚登记取得结婚证，是不能乱娶或乱接来同居的，因此，第一次婚姻介绍就这样告吹。

一九五五年他又与多浪乡一位女青年恋爱，再到村公所登记结婚，又遭到村公所文书同样刁难，女方又忍受不了而跑开……

一九五七年在那股“整风‘反右’和肃清反革命分子”的大冤案运动中，四哥被本屯的那帮“土改”根子和贫下中农有意乱告说是破坏森林，说是地主反攻倒算，被拿到西德县劳改队。原来是那帮贫下中农和“土改”根子从外村分得地主财产而迁到马鞍屯来，他们新搬来后大砍乱伐树木。后来政府下令不许乱砍滥伐森林，并对乱砍滥伐进行检查时，四哥被这伙人诬赖而挨抓去劳改的。

一九六〇年劳改释放后就被戴上坏分子的帽子，在村里长期受管制，经常被抽调到村公所（大队）搞义工。

“文化大革命”期间，常常被红卫兵拉出去批判，甚至迫害。

但由于四哥有一套木工手艺，和平村各屯建新房都少不了请他当木匠主。也正是因为他有这一套手艺，所以不管大队干部或公社干部，每抽调“四类分子”去搞义务工时，他都是被公社社干和队干的官老爷要他去为自己个人搞私人家具，由此在吃的用的方面就比同是四类的人较为自由和松弛一点。

由于他从小到老一贯是离不开体力劳动，所以他劳动是十分认真的，做什么都是耐心地讲究质量，从不偷工减料。例如去给人建房，到吃饭时，人家都已经吃得半饱了，他才慢腾腾地洗手入桌。

现可举个例证明他工作的耐心程度：我在多傲多能路建的这个楼房，

我已经给王连诗建筑队包工承建了，即按每平方米十一元包工（不包料），全部工程完工后，即验收时进屋能关门、出门能锁门为止，就按每平方十一元付款。由于我那时又在学校上班，又要管街上那个经销店，而叫他到建楼工地监工，点料给建筑工人，可他硬是天天和他们一起砌砖，特别是大门的门板都是他亲自做的。我已经明确讲他，这些工已算给他们包工了，你砌砖、搞门，他们不会计钱给你的。

可他却说："这是搞我们的房，我出力做我们的房又不是白帮别人，有何不可……"

所以，他们建筑队的人已经下班回家了，他还继续做到天黑了才收工，后来建筑队和我算工钱时，分文都不肯扣给他。

一九八九年七月四哥因吃饭总是呕吐，经常肚痛，我便送他到鹅城医学院附属医院检查和开刀，开刀后知道是患了晚期胃癌。这块恶性肿瘤塞他的食道中，癌细胞已经扩散。手术中医生告诉我们要把这块恶性肿瘤切除出来，需用一大笔钱不算，况且这种病治愈率只占百分之零点几，一般这种情况手术后最多活两三个月。经我们考虑，同意医生们的意见，用一根胶管接通食道弯过那块肿瘤，在病人未死之前吃下的东西能一路顺利通往肠胃去，这种方法最多能维持一个多月，于是手术后他虽吃得了东西，但胃痛依然如故。

我把他接回家，这次他到鹅城留医光医药费、手术费及检验费总共花去二千七百元，来往车费、伙食费其他费用一千五百多元，总共花去四千多元。

而他本身带去五百元，一声都不讲给我知道，是在他要手术的前一晚，趁我出街不在场时，他却悄悄拿这五百元交给保元媳妇黄艳凤，并悄悄对艳凤说："我有三张定期存折共四千一百元，如果开刀后我活不了，你们就用那些钱吧。"

好得他这些话让在场的五妹（母青）听见，第二天他开刀后还昏迷未醒之时，五妹才告诉我。

但对于他私存四千多块钱我还是半信半疑，那时我经常返往鹅城，又要回来料理街上家中的经销店，而让保元媳妇和五妹常驻医院护理他，五妹是知道他去留医而自动从三合前往鹅城去的。

回到儆德街上后，他坚持要在街上住，方便进医院，但是我知道他无药可救了，而且又可怜卫元和国元，当时年纪还小，只有他们的母亲陆玉莲还在默默地用心在照顾。

他从鹅城回来后同样和未去鹅城之前一个样经常喊痛，而让这几个人日日夜夜捶背和捏手脚，不停地按摩，个个都累得连饭都吃不下、睡不好。

于是，我只好动员他回马鞍去，可他死活不肯回去。

我只好欺骗他说："已经给道公巫婆看了，需要你回马鞍去，我们要请道公巫婆来送鬼方可治好。"

但他还是不想回，这样也不是办法，最后不理他同不同意，我便叫保元拿马来接他回去。

我是怕他在街上死后才拉回马鞍要多付钱，况且如果在街上逝世，街上这个店无法营业，更重要的是在街上无地方埋他啊。

他将逝世的那一天给我一个极大的冤枉，他知道他已经活不成了，于是他挣扎下床，让人搀扶打开他的那个木箱，意思是要拿他那三张存折出来，要亲手交给孩子们，不知他只拿给保元，还是卫元、国元他也要给？

但却找不见那三张存折，他便大骂起我来，认为是我偷要了。他边哭边骂，句句都怀疑我要，十分伤心。

芝红正好放假回家来几天，看到他这样，就跑到街上来告诉我说："四伯的病情恶化了，我在街上守店，爸你赶快回去。"

那天虽是多儆圩日，买卖也很忙，但我已顾不了这些，立即骑上单车赶回去，一来是因他病情加重，更重要的是争取回去当面与他说明他的存折我不得拿的。

我刚回到贡深（土名），即屋前右方森林，就听到陆玉莲和小孩的哭声。我赶回家时，走到他的床前呼喊他。他只能把眼睁了一下，又合眼。

我急忙说："你的存折共有多少？放在哪里？我没有得拿的……"

他又再把眼一开，点了点头，又合回去，再也讲不动了。

我急忙喊保元盛饭来，并让保元喂他两口饭，他便永远离开人世。

他逝世后，按照农村风俗派人去请多直屯的父海那帮道公来家里办丧事（道具场）一天一夜，这场丧事共花掉五千多元。总之，从他病后到儆德医院、西德医院和去鹅城回来到他逝世办丧事结束，总共花去一万块钱左右。

第十三章　命中注定坎坷多　十条定罪又如何

我乳名如桐，字高勋，生于一九三四年七月二十一日子时，几兄弟中我是最小的，也是最受父亲疼爱之子，小时候长期睡在他的身边。

我的命肖犬，五行属火，称骨五两。

诗曰：为名为利终日劳，中年福禄也多遭。老来自有财星照，胜似前番逐日高。

批曰：此命为人性直伶俐，有机变、有大难，祖业无靠、自成自立、亲朋冷落、兄弟少助，出入公门可得四方之财，好个双手抓钱，没有聚钱斗，妻迟子晚，初限奔波，中限四十方交大运，四十九有一灾，过此十年大运福禄满盈，妻宫同老，子媳一双送终，寿元六十九岁，冬月之中一去不来。

此诗此批，百分之九十几都灵验了。

再说一九五八年调到同学区珍榜小学，因患风湿病向学校领导严希开请假去县留医，他故意不给。

我便跑到县教育科获准假后到县医院留医，竟被严写信到县去骂我，我把严写的许多错别字的信拿到参加校长会议的校长们面前，有意让严出丑。因此，严更把我恨之入骨，时时计划报复。

我出院回校后，他勾结因犯罪而下放到九区当文教助理的刘日超。

刘日超原任龙光乡乡长，因贪污和强奸妇女之罪被判过刑。由于他以前当过游击队队长，解放有功而降他到九区去。刘日超在国民党时期曾是我的小学老师，由于他上课采用法西斯式的教学，打骂学生，所以人们都喊他“刘来”（土话：姓韦的很坏），我也曾这样喊他，并反抗过他。

现在他居然把我学生时代说的话，搬到批评会上侮辱我，说：“梁高勋是地主阶级的狗崽子，当学生时曾叫我‘刘来’，现在我还是你的上司，看你恶，你是反革命，是‘右派分子’。”

就这点，还未参加整风，就让他们把我说成“右派”了。一九五八年暑期整风开始时，刘、严都是九区领导小组的，我不被他们整死还逃得掉吗？

我被定为“右派”的主要原因来源于县几百名教职员工一一传抄报，就变成每条罪状都有几百名教师检举，例如我讲的“亩产十三万斤粮食，我不信。”

我说：“一天四两米（每餐二两）煮干饭吃不够，煮粥则整天撒尿。”全县每人写一份，就等于几百人证实我有此罪了。

可是某报刊出版环江县当年假报亩产十三万斤粮食的虚假报道造成当时大批优秀干部被错划为“右派分子”，好多群众为此饿死的悲惨情景，当年制造虚假报道、被提拔的人，最后因“纸包不住火”，被曝光过后，不但被撤了职，还被绳之以法了。

被撤职的这些人欲以高产量来定产定购给群众，强迫群众把多余粮食（实际上是口粮）全部交给粮所。群众无粮食吃，许多人饿死了（当时还说群众偷粮食）。连续三天，我天天被批斗。

当时，我就是想说运动中有如下几种不符合实际的行为和做法：整个过程中强调所有老师每天写一百张大字报以上；要求运动中每人要完成最少三百张大字报以上。

因此，大家为了要完成和超额完成写大字报的任务，只好利用空闲时间走到县各学区去参观，把他们所写出来的材料全部手抄过来，稍为改头换面和写上自己的名字。这样不但被举报人突然变成全县人人皆知的罪犯，而举报人又完成了自己写大字报的任务。

还有一种是为了完成写大字报的任务，有人竟对平时自己不认识的人也凭空捏造事实乱编乱写一通。

整风运动中还有一个奇怪的任务，就是各学区一定要按总人数百分计，揪出“右派分子”，就是说在每一百个教师中一定要揪出十个“右派分子”来。

结果竟出现了这样的怪事：古寿中心校教导主任王日颖老师已经被批斗几天几夜了，王为此“含冤”自尽——用小刀割自己的颈，血流满身，被及时发现并送西德县人民医院及时抢救，捡回来一条活命。后来对揪出来的人重新评查，王主任是够不上划为“右派”的，所以归队回去还当他的教导主任。

而都安区整风结束时，被揪出来的人还达不到百分之十的任务，所以便把汤启楚和覃方关这两个水平很低的人拉出来“滥竽充数”。这两个人不但水平低，在“右派”管教人里连写请假报告还写不通，而且很笨，实际有损所谓“右派”的形象。

绝大多数被打成“右派”的人，都是在校教学赫赫有名的文化水平高、工资高、能写会画、口才好、精明强干的人，才会被打成“右派”的。

西德各区小学教师被划为“右派”的如蒋玉恒、王英俊、陈扁义、梁钟倩、李振冠、吴干、王桂发等都是全县最出名的、有水平的、工资高的名人。所以，死定百分之十的揪斗任务实际上十分荒唐可笑。

一九七八年，中央决定对被划为“右派分子”的人进行全面复查，将被错划为右派的人平反。

第十四章　打成“右派”被下放　改造就在钢铁厂

一九五八年九月十三日上午开始整风结束后，九月十三日下午我们这些“右派”被赶到上甲钢铁厂集中劳动改造，把我们称为“管教队”。厂里派出工人罗福善（系复退军人，多脉屯人），来管制我们，他把我们管教队按处理等级分为四组，即未下结论的人分为第一组，组长王中华；监督劳动为第二组，组长吕文化；留用查看为第三组，组长隆定敏；另行分配工作为第四组，组长是王清新。

当时上甲钢铁是刚刚成立的新厂，人员是从县直各机关单位和各乡村抽调来的。当时钢铁厂党委书记是县委工业部部长崔万同志兼任的。钢铁厂正处在边基建边生产的阶段，厂房正在基建，钢炉也正兴建，住房还没有。头几天我们被安排到马鞍六柳屯森林砍木头，用茅草来做工棚和自己的宿舍。

做完我们的住房之后，就到马鞍新排、排莫等地运台录，当时排莫有森林，全部是大铁木，钢铁厂去那里购买建厂房所必需的所有台录用料。铁木比一般木坚硬，特别重。每条台录一般用四十个人才能抬动它，因为道路崎岖不平，有几处非常险峻，一不小心滑倒，就要粉身碎骨。所以，每条台录都得配备八十个身强力壮的人换班抬。因为路途遥远，来回走路就得花整整四个小时，因此每天最多抬得一条回来。

罗福善领导那段时间，他对我们十分苛刻，走这么远的路，抬这么重的大台录，他都不允许我们休息一点，所以大家更想找办法对付他。

每天到达那里一停便躺的躺、坐的坐，一百号人左右个个一样，等休息够了开始绑台录时，绑了又解，大家故意绑不成拖时间。可是不管大家怎么拖，每天最多两点钟之前必须回到厂。

最初几天，回来后还让我们到河边洗澡，休息的休息，娱乐的娱乐。可是后来每天回来后他又安排去搞其他劳动，最后大家故意走路慢慢地，到后才千方百计暖饭暖菜吃，原来中午饭要我们个人带熟饭去，后来我们特地找锅头去。虽然带熟饭去，但个个都要轮流热饭热菜了才吃。只有一两个锅头，将近一百个人轮流热，光吃饭就花去几个钟头了。抬回来时，大家故意多休息几次，每次休息又多一倍时间。大家总设法抬回到厂后是下午 5 点钟左右，吃了饭、洗了凉就天黑了，这是去抬台录的情况。

每周都要抽一两天时间去挑白泥来建高炉，挑新白泥，要到县府背后登龙山脚下去采，但不到一个月，那里的白泥没有了，后来又到巴头去要，那时运砖头，运白泥全靠这帮“右派分子”运。厂领导为了提高工作效率，特从管教队里抽出隆定敏、李诚、潘振荣等几人专门做木车。厂里买来二十副木车铁轮让隆定敏配制，规定每部木车配三个人（一个拉，两个推）。这二十辆木车六十个“右派”天天运河沙、砖头、白泥、瓦片、木炭，总之，厂里需要做什么就做什么。

再说罗福善这个大老粗，半文盲的鲁莽人，总以为我们是犯人而十分苛刻和敌视我们，随便谩骂和指责我们，每天劳动都安排得紧紧的。

例如，从上甲到腾交坡后面的劳改砖场运砖，每次往返不得休息一点，就给两个小时。如果装车后休息一点，每趟往返就需两个半小时，这样运三次已经是非常合适了。但运了一个多月之后，他却死要每天运四次。原来每车装五十块砖已经够重了，他却规定增加到每车八十块砖。

我们又故意走慢慢地，途中加两次休息。于是，他特地请示并喊党委书记崔万同志来主持我们全体“右派”批评大会。

崔万到会首先听罗福善批评我们如何如何偷懒，指责我们如何反抗他，然后叫我们各组组长在会上检讨。

第一、第二、第四组组长相继发言（并不是检讨），都讲到大家已尽力而为了，有些人还带病劳动。大家都反映说，实在太累了，我们工作不是三天五天，是长期劳动。我们并不是牛马，我们是人，我们已经尽力了，但天天被骂得一文不值。如果我们罪该万死，怎么不拿我们去枪决，或者去劳改？大家认为，劳改场每周还有一两天学习，我们连劳改场的人都不如。

这几个组长讲完后，大家都望着我们第三组，组长隆定敏（原是多猛中心校长）这个胆小鬼不敢发言，会场沉默很久，静得像死了人那样。我忍不住站起来要求发言。经允许后，我说：

我认为，我们这些“右派”大家都有难言之隐，从每天去抬台录或做其他劳动休息谈心时，大家一致认为，当前社会上确实有一些反对党、反对人民、反对社会的“右派分子”，然而像我们这些人，绝对没有这个思想意识；就我本身来说，那晚广播说环江县亩产粮食十三万斤，我不相信。他们当场马上说我是反对“大跃进”，把我当成现行“反革命”和“右派分子”来批斗。现在我还是大胆地说，亩产十三万斤粮食我永远不相信，不但我不信，相信在场的所有人大多数都不会相信的，只不过不敢讲出来罢了。还有如果说我反对粮食政策，斗来斗去都拿不出我的罪证，把我讲的那句笑话来当罪证，可这句话事实完全是这样的：“四两米煮干饭吃不够，煮粥吃整天拉尿。”这是我从巴深小学去怀渠集中学习的路上，我边小便边说的一句笑话。谁知道这句笑话竟然构成我反对粮食政策之罪状。还有说我“反革命”这条罪状，事实在哪里？斗来斗去主要罪证就是攻击严希开。因为我患风湿病行动不便了，要求请假到县医院检查，他故意不批。为了治病我擅自到县医院检查，医生叫我留医治疗。我拿医院留医证明到县教育科办理了请假手续，教育科已经批准请假，我才住院留医。谁知严希开校长明知教育科准假给我了，还写信到医院来给我，信是这样写的："梁高勋，你不经请假擅自离校等于'跳'（本来是'逃'，他却写成'跳'）职论罪。"接到此信，我一时想不通。我病了，请假治病，你不批假。我经教育科批准了，还说我逃职论罪。因此，趁他写"逃"（却写成"跳"）这个错别字，我于一九五八年一次全县校长会议休息时，我故意拿这封信公开给校长们看，目的是：请大家评一评我患病请假到医院治病，他不给我请假对不对？我留医了，教育科批准请假了，我才留医，教育科批准请假了，算不算我请假了？我要校长们解释"跳"职论罪如何解释？我这几点问题被大家说是我攻击严希开校长，因为严是党员，我反对严就是"反党"了，这些就是我被划为"右派"的罪证。

但是不管过去、现在，还是今后，我完全拥护共产党和毛主席，在座的这帮"右派"，我已和绝大部分同志交谈过了，大家都是拥护毛主席和共产党的，我们这些人以后有一天总会得到平反的。

所以，我认为我们并不是罪恶滔天，党的政策还是对我们进行劳动教育和改造的，不是一棍子打死的，只要按国家规定每天劳动八小时，认真完成任务，认真劳动改造就是了。

我的发言多次被罗福善打断，命令我停止，但崔万书记却说："让他讲。"

他继续认真听我发言。我继续说出每天运三车砖头，每天运得一条台录，我们大家都尽职尽责了，还提了不少合理化建议。

崔万书记听完我的发言之后，居然说："梁高勋发言得好，敢讲敢说敢做。"并提出今后厂党委一定定出符合政策的劳动制度和学习制度，他非常重视今晚大家的发言。

两天之后，厂党委突然换李德贵同志来专管我们这个管教队。李德贵是桂林市人，转业军人，任东关粮所副所长，现抽调到办公室工作。当时钢铁厂从县商业局、卫生局、卫生院、供销社、保险公司等各行各业调干部来组建，后来钢铁厂改机械厂后，这些干部大多数留在机械厂工作。

李德贵一来便宣布让我担任第三组组长，当众宣布：“今后每天劳动八小时制，现在钢铁厂要新建，需到马鞍新排去运许多台录来建厂房，全靠你们这帮人去运。同时，建厂房需运砖头、石灰、瓦片等。这些任务是非常艰巨的，全靠你们这些老师去完成（老李还称我们为老师）。”

老李的话让我们这帮人看到自己的前途和光明，以及认识到当前任务的艰巨……

最后让我们自己讨论运台录每天应该运多少条，每条应该需要多少人，捞沙运沙应该多少，运砖每天多少车，每车装多少。让我们自己讨论决定，定出来后一定要完成。

最后决定，抬台录每天抬一条，每条规定四十人，什么时候回到厂后就不再安排其他劳动任务了；运砖每天三车，每车五十块，即是每人每天要完成运五十块砖，捞河沙每人每天一方。

白天完成任务后，晚上可以自由看电影，但电影散场后一定要归队。就寝时各组长要点名，任何人不准外宿。如需外宿，报告组长后，老李再请示厂党委批准，方可外宿。

从一九五八年十月十五日以后，天天到新排屯抬台录。西德机械厂的各个厂房的台录，就是我们这帮“右派”抬来的。工厂厂房、宿舍的每一砖一瓦都浸透了我们的血汗。

一九五八年九月十五日以后，我们这帮管教队，时不时就来个紧急集合，然后公、检、法人员一齐出现在我们的面前。管教人员叫我们不许乱动，公安局民警则把我们包围起来，气氛特别紧张；第一次紧急集合后叫第一组王定国出列并跪下，然后公安局民警就冲上去把他五花大绑起来，最后宣布他是“反革命分子”，并宣读他是潜伏下来充当六甲定六中心校校长。他们带走王定国后，我们个个都出了一身冷汗。

隔几天后，又来第二次紧急集合，和上次一样，手持武器的民警把我们又包围起来。我们个个心惊胆战，不知又要抓谁了，非常紧张地互相张望，惊慌地等待着。他们竟然又叫第一组陆世系出列跪下，公安人员把他又绑走了。

抓走了陆世系后，我们大家心中有底了，王定国、陆世系都是第一组的，第一组都是未下结论的人，第二、第三、第四组的人都是下了结论的，抓不到我们的，从此心比较定了。

过了十几天后，第三次紧急集合又绑走第一组王中华，第四次又是来绑走第一组的人，其他各组人员心中有底，紧急集合再不担心了。可是第一组的其他人更是提心吊胆了，如李成林、李日新、何木然，最后剩下来的人每次紧急集合只得宣布开除回家。

第十五章　转战谷隆水电站　为了赶工施手段

一九五九年冬西德县谷隆水电站指挥部成立了，指挥部指挥长黄明华兼任电站厂党委书记（原是区委书记），西德武装部的参谋长王川同志调到指挥部当参谋。民工从全县各区调来，每区抽调二百名民工，组成一个连，由各区领导队任连长。

我们这帮上甲管教队，除开岑高义当时任钢铁厂管基建和采购走不开及王开新、黄华庭、林忠琅、向德高、黄贵恭等这些老年多病的人留在钢铁厂捞沙、搞基建之外，其他年轻力壮的人全部调往西德谷隆水电站去参加大会战。

西德谷隆水电站大会战动员大会上，黄明华书记宣布各区抽调来的民工每区作为一个连，由连长和指导员带队，以后上甲钢铁厂管教队不叫管教队，而命名为独立排。独立排负责人是李德贵同志，独立排排长是梁高勋……

动员会散会后，李德贵具体布置工作给我："今后每天晚上你就到指挥部接受任务，回去布置给各小组。你不必参加劳动，每天要布置和检查各组的劳动情况及完成任务情况，注意教育大家遵守各项纪律和完成任务就是了，发现问题或遇到疑难随时向我汇报。"

后来又抽调冯有驱到指挥部刻钢板。一段时间之后，指挥部讨论决定办《工地生活快报》，我便抽调蒋玉恒同我和冯有驱一起办起《工地生活快报》，宣传党的政策，表扬工地上好人好事，报道工地工程进度等丰富多彩的内容。

黄书记特地宣布我们三人属办公室人员，并说明独立排的任务主要是捞河沙和筛河沙，保证工程需用的河沙。其次是机动，大凡指挥部需采买什么或临时用三五人去做什么就向独立排要人，由我负责安排。

由于黄书记对待我们没有敌视态度，而且平时除开大会之外，其余时间碰见我们或与我们交谈，总是“老师、老师”地称呼我们，所以我们大家思想开朗、生活愉快，干什么都能完成任务或超额完成任务。特别是独立排的人能文能武，干什么都得，做什么都行，经常得到指挥部的表扬。

一九六〇年春节过后，水电站工程进度很快，厂房砌砖了，急需的木材靠森工站供应的指标很难完成。于是，指挥部研究决定叫我随森工站驻龙光收购员张盈勋一起到龙光，他收购得一车，马上与他要。

当时全县任何机关、单位、学校或个人需买卖木料都必须经森工站（即卖木料者全部卖给森工站，买木料者也全部向森工站购买木料，完全不准私自交易），所以森工站供应木材完全按计划、按排队供应，不能光供应一两个单位。

由于厂房急用木料，特别是电杆用木、光等森工站就很难得到木料。为此，黄书记和王川参谋长特地授意我，要千方百计地将木料要回来。

到龙光后，我和张盈勋同吃同住同下乡下屯发动群众卖木料，原想帮他发动群众，想让他多照顾我们一两车。可是，他非常死板，一定按他们收购来的木料按指标排队定期供应。同时，我又发现向森工站买木料，不但数量和时间被限制，而且价格也高过许多，例如当时他们向群众收购的横条木每条只收购8角，但他卖出的价格是一元五角至一元八角，每条木他要赚三分之一，于是下乡下屯时我悄悄和群众订购，每条一元至一元一角，每条让群众多收入两三角钱。同时，卖给森工站木料的群众必须扛二三十里路远把木料送到龙光街上，而我则要他们集中拿到公路旁边，定时拿出来，装车付钱。这样群众既能多收入，又就地出售不必扛到龙光街上，所以非常踊跃卖给我。

我这样做收得第一车回来之后，黄书记和王参谋非常赞赏我这种方法，并让领更多的钱回龙光继续大胆这样做，并且说："万一他们发觉你就来电告诉我们，只要你能买到木料回来，什么责任由指挥部负责。"

有他们这句话，我放心好多，又继续领钱回去偷偷收购，即使和张天天同吃同住同下乡，但我这个小动作张盈勋还蒙在鼓里，我前后收购并悄悄运回电站七八车了，他还没发现。

但是,常言道:"若要人不知,除非己莫为。"由于他越来越收不到木料，最后他终于发现了。

那天老张说回县汇报工作。见他上车回县后，我便打电话给指挥部立即派车到龙光装木。刚装完要走的时候，老张突然出现在我的面前。

原来他回去时，碰见常给我们拉木的汽车来龙光，他便中途下车尾随我们这部车而来。

他"抓现"后，大骂我一场，说："难怪我怎么这段时间收的木越来越少，原来是你这人在后面捣鬼，我要把你送到公安局去。"

但是我不慌不张地说："你先别骂我，我是按指挥部的指示来做的，并不是为我个人，也不是为自己的单位，这个水电站是全县的大事，你要没收好，怎么做都好，你找我们的指挥部去。"

但他还不理你三七二十一，就是指着我骂个不停。我便叫他一起到邮电局打电话，叫王川参谋长来和他讲。参谋长说要他和我与这部装木的车一起到电站去处理问题。在电话中王参谋长故意说："梁高勋怎么不通过你而乱来？"

我和他同车回到电站后，王参谋叫张打电话，让森工站领导也到水电站来共同协商处理这个问题。

结果森工站领导李树柏准时来到电站。在指挥部办公室里，黄书记、王参谋以及指挥部所有工作人员以及各连的连长、指导员等数十人都到场。大家都以为梁高勋惹祸了，都来看我如何受处分。

王参谋开始说："这车木料是我叫老梁去龙光购买的，因为我们这个电站是县政府从各机关单位和全县各区调集大量人员来抢建的。上级要求我们按时完成，按时发电，这是关系到全县人的大事。我们工程的各项工作都按时完成了，只有木料，特别是电杠木还缺。光等待你们森工站给我们的木料指标和供货时间，只有停工待料，不但不能按时完工，而且把几千人力拖在工地上一天要花多少钱、多少人力财力？你看全县各区抽出两万多人，各个机关单位和学校都抽人来支援电站，你们森工站派来多少人，给这个电站出了多少力？如果我王川买这车木头来建这个电站，让它早日完工，是犯错误的话，你可以向部队反映，撤销我这个参谋长的职务。至于梁高勋老师，你们就不要骂他。我代表水电站给他记上一功，他能够尽力买到这车木料，给电站解决了停工待料之忧，他的功劳不小……"

森工站领导李树柏和张盈勋不再吭声了，第二天黄明华书记在全体民工大会上再次表扬我会开动脑筋、能干。

自此，我倍受电站领导的器重。在西德谷隆水电站期间，我几乎忘掉自己的"右派"身份。

第十六章　大办钢铁大环境　三年困难步艰行

一九六〇年底，西德谷隆水电站建成并发电，全体民工回去了，我们这个独立排又调回上甲钢铁厂。李德贵回粮食局去了，我们又恢复管教队的名称。

老李走后，机械厂派范瑞生来负责我们这个管教队。

范瑞生原系西德县商业局的干部，钢铁厂初建时，是商业局派他来支援建厂的，他对我们这个管教队和李德贵一样好。毕竟他是知识分子，又是南下干部，又是崔书记的老乡，所以钢铁厂转为机械厂后，他留在机械厂，是崔书记的好助手。由于李德贵把我的情况告诉了他，所以他又把我升为管教队队长，后来又让我做机械厂的采购员，并派往胡荣区龙串常驻采购木料、木炭，并带领管教队二十人长期到龙串六道屯林里烧木炭，在龙串坳上搭一个茅房装木炭。

一九六一年，正值三年困难时期的第三年，也就是闻名于世的三年困难时期最困难、最艰苦的一年。

一九五八年开始，全民“大炼钢铁运动”，当时只要从某座山某矿井里拿一块矿石回去，给地质队化验是矿石了，就认为整山整井都是矿石了，就立刻调兵遣将，把附近所有人力、财力集中到那里去。不管花费多少，不分昼夜在那里奋战，建高炉、烧森林，挖矿的挖矿，烧木炭的烧木炭，把成山成山的树木砍光烧成木炭，又用成堆成堆的木炭将矿石烧成烧铁（据实践证明，每一百斤木炭只烧得十几斤烧纯铁）。烧成烧纯铁之后又运送到各地钢铁厂炼钢。西德钢铁厂就是在这种情况下产生的，把烧纯铁炼成钢并非容易，如前面所说建炉用白泥来做，白泥不是处处都有的，我们西德县府后面的登龙山脚下有一点点，巴头乡有一点，从那么远的地方运白泥来建炉，而把烧纯铁再炼成钢要从贵州省买来焦炭，需要用焦炭，才能把它炼成铁。加上我们这里没有专家和工程师，烧出来的铁得不偿失，钢铁厂严重亏损，钢铁厂改为机械厂，全县各地烧出来成山的烧纯铁白白浪费，最后有些只好拿来铺路。

“大炼钢铁运动”不单造成如上面所说的浪费和损失，而且造成全国许多森林毁灭了。就说我们马鞍屯，原来从现在杨新元这一排房屋延伸至多别口（地名）完全和贡深的林连在一起，望不见天的大树遮盖，因为是森林，大树阴森可怕，虽有一条小路直通林中至多别口，但一般妇女和小孩单独走都不敢走此小路，而弯到坎峒顺小河边多走好多路程。可见，这森林有那么多的大树，但大炼钢铁后，现在变成光秃秃的了。原来贡深贡布两大森林流出的泉水如大碗口大的长流水，如今贡深已经干涸，贡布几乎停流了，这是大炼钢铁毁林的结果。

当时为了大炼钢铁，哪里发现有锑矿就往那里派大队人马。记得当年田林和鹅城福禄漫山遍野都是矿，所以便把本地所有强壮劳动力全部组织编成远征军浩浩荡荡向鹅城、田林进发。远征军真像当年红军北上那样，日夜徒步兼程。当年我们屯的梁府元、珠元、烈勋、佐勋……人都得去了，不光多儆区的人，全县各区全被调集前往。远征军大队人马一般几千上万人，各人扛起铲刀、锄头、钢钎、斧头，背起行李，自带粮食离乡背井而去。

一去就是一年半载，不但随征人员挨苦受罪，在家的人更苦，由于主要劳动力被抽走了，留老弱病残的人在家，劳动力没有了，大量良田被丢荒，就是得种上庄稼的田地也因无人管理而有种无收，造成到处粮食无收。

所以，粮食每斤四五元钱，县城出现高级饭店，吃一餐最少五至十元，想想看，当时我们每月二十元工资，能进饭店吃得几餐？而五元至十元只一碟菜，总共不到一两肉。而且饭店有个规定，进饭店凭旅社住宿收据和车票，才能进饭店吃饭。

一般群众都是在集体食堂吃饭，当时集体食堂每餐规定每人一二两米饭，其余都搭配红薯、薯片之类。当时市场上稍微有点米掺的食粑每个几角钱，一个苞谷（玉米）五毛至一元，一对芭蕉五角，一斤猪肉八元，一斤牛肉四元。我们每月二十块钱，群众都羡慕得很，比他们分文无收好，比正常干部每月三四十元差一点，但就是正式机关干部每月三四十元又能买得什么吃？

由于没有粮食，所以无法养猪、养鸡鸭等家禽，市场没有肉类供应，人们吃的缺少脂肪，所以个个饭量惊人。就说我与蒋玉恒两人煮四斤大米一餐吃完，这种现象不光我们两个是这样。

第十七章　下乡采购有艳遇　一见钟情连理枝

罗棉原姓名叫陆棉，生于胡荣区龙串乡下布屯姓陆的家庭。其父亲在民国时期是个吸毒（鸦片）者，解放初期他因吸毒导致倾家荡产、骨瘦如柴，一九五〇年被拿去改造自新（后来才叫劳改）。其母趁党的自由婚姻颁布和宣传时，趁机携带刚到八九岁的陆棉改嫁到都安区洞好乡上湖屯农民罗扶武为继妻，将陆棉改名为罗棉。

一九五八年冬，全党全国人民总动员投入到“大炼钢铁运动”中，刚步入青年的罗棉随本乡农民到鹅城去炼钢铁。“大炼钢铁运动”结束，她又与一帮青年被留在鹅城右江砖瓦厂当工人。

一九六〇年春，西德谷隆水电站竣工后，我带领独立排（即一百多名“右派”）回到西德钢铁厂。接着，厂党委又派我作采购员长期到龙串驻扎收购木材、柴火和木炭，并带领二十多位“右派”到龙串录道屯烧木炭，运回钢铁厂炼钢。我是在龙串采购长达一年的时间里与罗棉认识并结婚的，回顾当年我的处境和与她的恋爱结婚过程，很是值得回味：

当时我虽是一个“右派分子”，但厂党委还委我以重任，不但身带成百上千元到龙串负责采购厂里的生产资料，又兼顾帮西德饭店收购柴火和蔬菜。

当时正值三年困难时期，市场上无粮油和鸡鸭鱼肉类上市，所以物价暴涨，一斤大米四五元钱，一斤肉七八元也买不到，而国家干部、工人每月二三十元的工资（最高也不超过五十元）还买不到十斤大米，而且有钱的人也很难买得到几斤米。

在农村全部执行集体化，耕田地划耕作区，然后按生产队的耕作区耕作，每天早上由生产队长吹哨，全体社员在村头集中后，才集体去出工。到田头后，又等大家都到齐了，才开始劳动。吃饭也是在集体食堂，各村各屯以生产队为单位，每个生产队为一个集体食堂，由生产队指派队干和党团员查饭菜。当时由于粮食紧缺，每天两餐，其中一餐吃粥，一餐吃代食品——如土太片、小球藻、红薯或木薯粉混土太片，而那一餐能分到每人一斤熟红薯，这已是最好的了。

当国家干部的，每人每天供应四两大米，其他就是搭配红薯、木薯、土太片……一般群众两三个月都难吃到一餐肉，机关干部每人每月供应一斤肉票，平时不论干部，还是群众，大家的饭菜很难闻到肉味。

整个西德县城只有一家饮食店和一家德保饭店，干部群众要买一碗粉吃，得在饮食店卖票处排长队，而西德饭店专供司机、旅客吃，即有车票、旅社发票的，才能进饭店。

由于市场没肉类和蔬菜上市，饭菜供不应求，所以饭店便派人员下乡走村串屯收购鸡鸭肉类和蔬菜、瓜果、柴火，派到龙串收购的人是饭店名师黄汉。

老黄虽然只有五十岁左右，但他长期在食堂当厨师，现在要他下乡走村串屯采购不但手不能提，肩不能挑，就连要他走路也是困难的，于是他便求我下屯时帮他发动群众拿东西到龙串卖给他。

那个时候我正是年轻力壮时期，不但帮他发动群众，而且每天下屯都能买得一担南瓜、青菜，自己挑回来给他。于是，他便千方百计从饭店里弄来肉与我一起吃，凭此我总算每个月能吃上几餐肉，油水也比别人吃得多。

鹅城、恩隆、田州、邕宁所有去西德、敬西、越坡的车辆全部都必须经龙串。而西德车站曾在龙串设有一个分车站，来往车辆必在车站停车检查，我的租房驻地就在龙串车站的隔壁，和司机比较熟悉。特别是西德饭店和司机的关系更好，一般装西德饭店的东西去，司机个个都热情，因为凡帮饭店装东西去的司机不但白吃一餐饭，还多加一些饭菜给他，而每次装车都免不了我，所以司机也认为我是饭店的人。

凡上西德的司机一见到我便主动问饭店有什么东西带去否？后来黄汉索性卷行李回去，要我在龙串负责帮他收购，收得货后我爱跟车去也得，随便寄去也得。而黄汉在饭店里也经常寄司机拿的收购款和一些食品来给我，那时我的生活水平倒比其他人要好。

因此龙串下布屯的一些经常帮我装车的女青年，有好几位都主动接近我。一位名叫陆冬的女青年比较有姿色，她特别爱和我攀谈，总找借口接近我，并多次邀请我到她家去玩，有时一起烤火，闲谈到深夜，还想留我在她家过夜。说实话，如果我不受管制、不是“右派”，我可能大胆做出事来，同时我对她也确实有点开始产生爱慕之心，才不敢“轻举妄动”。

一九六〇年十二月一日的傍晚，我要装一车圆木回工厂，装车队出现一位身材窈窕、编着两根长到腰间的头发辫子，皮肤洁白细腻，脸上白里透红、充满着青春活力的女青年。

顿时我的注意力被吸引过去了，急忙打听，知道她是本屯的女青年，名叫罗棉，她在鹅城右江砖瓦厂当工人，今天中午请假回来参加农忙。

本来我计划装车后押运木料回工厂，但见到她后，马上改变主意，让司机自己运木回工厂，我只打电话叫木工车间派人验收木料。

车走了，我好像被磁铁吸住一样被吸到她的身旁。说实在的，不光她吸引住我，我也同样像磁铁一样吸引住她。我们确实一见钟情，头晚就互相聊天到深夜，接着第二晚、第三晚，山坡上、小溪边、竹林里、草垛下，无不留下我们的身影。

年轻人青春在萌动，欲火在燃烧，总是有那么一种拥有和发泄的冲动。在相依相拥的时候，手总是不安分。她的胸部很坚挺，很富有弹性，就像打足气的皮球，让我心旌荡漾，浮想联翩。

第四晚，我们走上一个小山坡，在一块大石头下面，拥抱的时候，我的手伸向她的腰，紧紧地把她抱住，就差恨不得把她吃掉，手摸到她的裤头，她的裤头右边有纽扣扣着，两边各有一条布带打着结，我趁她不注意就解开那结，再解开那纽扣……突然被她的右手推开，轻柔地说："现在还不能，等结婚后我就是你的人，你想怎样到时由你，你就忍一忍，好吗？"

她这样一说我还能说什么呢，只有把那欲火压在心里。

经过一段时间的交往，各人都畅所欲言到了无话不谈的地步，并把各自情况毫无保留地倾诉给对方。

之后，我曾动员她回砖瓦厂工作，但她好像是怕她回鹅城后失去我，所以不愿回去当工人而紧紧地跟着我。

实际上，我心里也很舍不得她离开，这样只恋爱两个多月，一九六一年三月二十三日，我们就登记结婚了。

结婚典礼是在西德饭店举行的，请了我们这帮所谓的"右派"两桌，另请饭店几位职工、经理和两位司机为一桌，我的亲属只有嫁到多班屯的三姐亲自给我送来一只几斤重的兔子（当时一只兔价值几十元，还难买得到的，因为街上没有卖）。其次，老天有眼，当天给我碰上一位农民刚从鉴河打上来几斤鱼，每斤十元让我全部买完。就这样当时按饭店惯例每桌按每人一份饭菜摆上桌之外，每桌还另加两大盆兔肉和鱼肉，这算是当时最丰富的宴餐了。

第十八章　婚后曾经甜如蜜　分手实属不得已

结婚后不久，即一九六二年元月，上甲管教队的这帮“右派”分别被调到全县各中小学去接受管制劳动。我被调到龙桑中心校，头几个月是当干事刻写、打钟等。半学期以后学校便安排我上课，就这样我每星期六都到龙串的罗棉家与她度周末。

周末在家里，我发现罗棉洗头很少用香皂，她喜欢用草灰水洗头，我经常在她说要洗头时，就去打一桶草灰水来，帮她淋，她就用她的两只手指在乌黑的发丝上反复地揉搓。

所谓草灰水，就是用茅草烧过的灰放到一个竹筐里，下面放着一个木桶，把水倒入草灰里通过过滤，先把第一道水倒掉，再倒入第二道水过滤到木桶里，直等到一桶水满为止，就用草灰过滤的水来淋洗头发。

这种草灰水洗头，能去污去痒，又有护发作用，头发不容易干枯，又不容易伤头发。可能也是真的，她母亲也一直用草灰水洗头发，五十几岁了一根白头发都没有，更不用说罗棉的头发了，越加乌黑发亮，所以我十分喜欢闻她那一袭乌黑发亮的秀发。

一九六二年下布屯买房住的一位农民要卖房迁回原籍，我便以三十块钱（等于我一个多月的工资）买了他这个房屋（当时盖的还是茅草屋顶）。一九六二年春，罗棉生的头胎就是在这个房子里，她所生的这个男婴肥肥胖胖的，但是十分奇怪，他一出世之后，罗棉就一直卧床不起，天天发冷发热，奶水很少，不够小家伙吃（当时市场已经好转，圩日街上已经有鸡鸭肉上市了，坐月子我是有足够的补品给她吃的），但这小家伙还没满月便夭折了。他离开后当天罗棉就停止发冷热，并能够起床走动，几天后马上恢复健康。

一九六二年底，龙串道班从下布屯村里搬到路边重新建一个道班房，原来在村中的那个道班房是泥墙木架瓦顶结构，道班只把瓦片、木架和门窗搬走，留下四堵围墙。那时我和道班班长以及车站人员的关系很好，他们便将这个房基和四堵泥墙无偿送给我。我便叫四哥赶到龙串来将原来买的茅房屋架移到这个宅基地，建起当时龙串下布屯唯一的泥墙房屋。而买瓦片的钱是申请学校福利费补助十元（当时我月工资二十五元），那时罗棉到龙串粮所加工粮食有一定收入，加上平时她去劳动捡柴，以及星期天回来和她一起打的柴火堆积成堆后卖出所得收入，买五百块瓦片来建成新房。

一九六三年七月初六，大女儿梁芝秀出世了，她是在我们的这个房子出世的，女儿出世给我增添了欢乐，也给我们这个家带来烦恼。

女儿出生几个月后罗棉经常抱她到她妈家去，自己家里的事开始不理睬了，甚至经常锁上自己家门，睡也到她妈家去睡。有多次星期六我回家来，屋里房间内结上不少蜘蛛网，说明她已多天不在自己家睡了。

连房间都结蜘蛛网了，像样吗？我说她的时候，她不还嘴，但后来并不改，更甚者连我回来时还是让我自己睡自己的家，她却跑到她妈家去睡，连我抱一抱女儿，和女儿亲热都不得，后来我还是忍气吞声，每星期六回来索性到她妈家同吃，和女儿玩够了，才回家睡。这样做之后，自己那个家长期不生火做饭，到处是灰尘。

更重要的是，当时她的两个弟弟——罗朝洋和罗朝仲正在胡荣初中读书，每学期开学每个人二十元学费和每个人每月九元伙食费全部由我负担。

想想看，我每月才二十五元工资，自己在学校已扣每月十元伙食费了，剩下十五元还不够交他们一个月的伙食费，又是我借支学校的钱，补够给他们。这样一来，我每个月没有一分零用钱，况且债务一天天积累多起来。

于是，我便和她悄悄地说："你回我们家开饭吧，在我们家自己单独生活，我每个月给你十块钱生活费，你不做工也能活下去的。我们老师在校每月十元伙食费已经吃得不错了嘛！我们单独生活后两个弟弟的读书我只能是有则给一点，没有就不给，但和你妈同住就不同了，必须负担你两个弟弟的读书费用，而且日常的盐油柴米都要负担的。我们平时买什么用具仍然是你妈家的，你说合算吗？"

我对她说的这些话是为我们家庭着想，也是合情合理的，可这个笨女人却把我的这些话搬去讲给她妈听。

老太婆听后便暴跳起来，大骂说："这种女婿要不得，连小舅读书也顾不得，以后怎么照顾得我的女儿，于是便千方百计煽动女儿离开我，不理睬我。"

她对罗棉说："如果他不承认错误，不保证供你两个弟弟读书，你就和他离婚。"

我知道她母亲这样骂我之后，罗棉心里很是矛盾，既不想离开我，又不想得罪母亲，行动上她比较听从她母亲的指挥，感情上还是偏重于我。

所以，每周六我回来后，她居然故意抱女儿到她妈家，在那里吃饭在那里睡觉，倒使我忍无可忍。就这样开始吵嘴，吵嘴时她总千"右派"万"右派"、千地主万地主地骂我，后来到了闹离婚的地步。

虽然她口头上口口声声说要离婚，我不得不与她真的到胡荣和西德几次，要去办离婚手续。说真的，我心里是不想离婚的，但我每次都答应她离就离，马上去法庭。可是到胡荣两次每次都到那里后她不肯进法庭，去西德也这样，在家吵嘴时开口是离婚，但一起到西德后却不肯进法院去。

每次都一样，我又心平气和地劝她说："我知道你是不愿意和我分开的，那么就不要放弃我们的家，回去后就老老实实待在我们家里。我把每月给你两个弟弟的伙食费留下来，给你做伙食费，不但够吃而且还有余啊。"

经我这么开导后，又一起到饭店吃饭，又一起搭车回家，愿意在自己家生火做饭了。但是我回学校去后，又被她母亲俘虏过去。下一周我回来屋里冷冷清清，到处是蜘蛛网，经过了如此多次反反复复，后来我索性不回家，整整在校三个月没回家一天。也就是说，我这三个月她两个弟弟的读书伙食费，我也不理了。

因此，她母亲强迫她和我离婚，同时她母亲亲自到西德法院喊来闭文法官，于一九六五年五月二十五日至二十七日连续三天，他们三人一起到龙桑中心校。头一天闭文只叫我和她们母女当堂说明罗棉要求离婚，但罗棉一句话都不讲，我便说我不同意离婚。

因为我们两人感情尚未破裂，只是受她母亲从中挑拨的，由于第一天罗棉始终一句话都不讲，所以我也坚决不同意离婚，这样第一天不欢而散。

据说那天回去后她母亲整整大骂罗棉一晚，所以第二天（五月二十六日）她们再次到龙桑小学来。这天罗棉被迫违心地说："我要求离婚。"

但只讲那么一句就流眼泪不止，再也讲不出话来。此时，我抓住罗棉的心情表现，而且考虑到女儿芝秀还小，我仍坚持不肯离婚，当天处理不下，闭文宣布休息，由他和她们母女到别处去吃饭谈心，然后说："今晚在龙桑中心校办公室让全校老师参加处理罗棉要求离婚的问题。"

二十六日晚在办公室，全校园二十五位老师无一缺席，都坐在自己座位上，主席台中间坐着闭文，侧右边是罗棉和她母亲，左边是我的座位。宣布开会后，闭文说："今晚是西德县人民法院应罗棉要求离婚一事到你们学校来公开处理，经过昨天一天和今天一天都处理不下，现在特让全体老师参加评论和处理。"他又说，"现在我将梁高勋的情况介绍如下：梁高勋现年 ×× 岁……他出身地主阶级，本人是"右派分子"，现在还受管制，劳动改造……又说罗棉……出身贫农阶级，是贫下中农子女，由于两人的出身不同，现在的身份也不同，所以女方要求离婚，但男方不肯离，因此今晚要大家来评评看，要求大家要尽量发表自己的意见，要提高认识，提高警惕，提高阶级觉悟，要知道谁是敌人，谁是朋友……”

在闭文的“提高阶级觉悟”等指示性的发言之后，有位平时比较嫉妒我的老师首先发言：“结婚自愿，离婚自由，地主不能压迫贫下中农与你共同生活，好人上坏人的当，公民被敌人拉拢……要阶级斗争，要阶级觉悟，不能认敌为友，不能与敌人同床同睡……”

全体老师回忆整风运动的情况，又把我批判得体无完肤。

会开到深夜之后，闭文叫我当众表态，我顽固地说：“容我今晚再考虑考虑，明天才能表态。老闭同意散会，并同时宣布明天上午学校领导要参加，其他老师上课，无课的老师可以参加。”

散会后我回到宿舍，不知什么时候，烈勋弟、兰庆、德轩、梁如桓这些参加龙桑公路的民工已集中坐在我的房间里了。我的房间是用竹笞把现在的教师办公室隔一开间出来的，所以刚才会议情况和大家发言情况，我的这些兄弟都听得清清楚楚。

我回到宿舍后，烈勋和兰庆都劝我说：“她们都说千地主万‘右派’的，还要这种女人来做什么，怕没有女人吗？我们多儆来做公路的有很多女青年，大把你要，就怕你眼花。”

兰庆说：“五叔，加丈有几位女青年，保证合你意。你和她离婚后，我介绍加丈女青年给你。”

就这样二十七日上午，我便同意离婚并提出，这个房屋是我买的，数年来我供应她两个弟弟读书用了不少钱，现在起码要她赔偿我五十元，我才肯签字。结果法院判她赔那间房屋款和供她弟弟读书的款共五十元。

我终于在一九六五年五月二十七日同意和罗棉离婚并签字盖章给她，我的第一次婚姻就这样结束了。

二十一年之后，一九八六年的一天，我去邕宁进货回来，顺路到西德铜矿探望大女儿杨芝秀，芝秀说："老妈也在这里。"

原来她是刚从荣华来铜矿帮女儿芝秀带小孩。

我说："在就在呗，当时又不是我要求离婚的，是你外婆强烈要求你妈跟我离的。"

吃完晚饭后，我抱着不念今日念当初，好坏也曾是夫妻一场，也该表示表示一点才是。

只是当时我要货从邕宁回来，身上只剩下六十元钱了，就递给她五十元钱。

我说："钱虽然少些，身上只有这点，请不要嫌弃。"

但她坚决不要，我只好趁她去洗碗时走进她睡的房间，把那五十元放到她枕头下面。

第二天一早我起来吃完早餐便搭车回西德了。

回想自从罗棉和我离婚后，我在龙串已做好的那个龙串唯一的泥墙瓦木结构房屋被判给女方。我走后，她的母亲便召一个姓沈的东江人来上门,那姓沈的原来参加过抗美援朝。归国后回到家乡西德县粮食局工作，后因减员他太老实在会计科被上任领导陷害，领导叫他回家，他就回家跟人去做泥匠。

当时他正来龙串给人家"冲泥墙"搞建筑有一点收入，论钱当时他收入比我多，论文化、人品及各方面，他是比不上我的。因为他纯粹是个农民和半文盲人，但是当时有钱就得了，所以不管罗棉本人意见如何，其母一手包办招他上门作女婿。

这姓沈的毕竟不大灵活，且有点笨头笨脑，所以只上门得四十多天便被罗棉赶出家门。说沈笨有这个依据，他被罗棉赶走前，我在龙串候车去县城，他正好也在等车。

他告诉我说："老梁，这个罗棉真厉害，我花那么多钱到她家上门，才得和她睡几晚，其他都是被她关房门不准我同睡，最后赶我到岳母家去。”

后来竟把沈赶回东江。沈走后几个月，她的肚子越来越大，就是沈和她同睡的那几晚让她怀孕了，临近产期了她的母亲方知沈又到多乐电站找工，便到电站通知他。沈又挑鸡到龙串照料她坐月子，满月后不久，她又和沈闹意见没有来往。

经人介绍与田州百育一个壮年人相好，并到百育他家去一起生活。

“文革”时红卫兵把她从百育抓回来，不准她重婚，问她梁和沈你和谁复婚都可以，就是不准去百育。

她说愿与梁复婚，但后来有人告诉她，梁已结婚了。红卫兵便赶她去东江，并通知东江红卫兵来带她去给那姓沈的。当时她和姓沈的并没有登记领结婚证，一直到死都没补上，只能算是事实婚姻。姓沈的后来得到平反，被分配到西德百货公司工作，直到退休病逝。

她回东江后与那姓沈的共生一儿一女。儿子后来长大结婚，媳妇虐待她，她受不了。她先到我大女儿芝秀家帮带小孩一段时间，后又跑到广东跟她小女儿，但她小女儿对她不好，她便在她小女儿所在的当地果场打工。在果场里她与一个死了老婆的人好上，便一直与他同居。

她出走广东时并没有跟我的女儿芝秀说去哪，在她去广东不到一年，她的儿子因得癌症医治无效死了。

她当时并不知道，因为她一直没跟家里人联系。芝秀为了这个弟弟治病，花了不少钱。一年过后，她才写一封信给芝秀，方知她在高州的一个小镇。芝秀一九九八年想去找她回来，先写一封信给她，并说弟弟因病已逝世，要她回到铜矿来，但她没回音。

女儿芝秀过几个月后，去到高州她所在的小镇，才知她在两个月前因病逝世了。女儿说可能是她因儿子病死而受了刺激，血压过高而死的。

她死后，那边的男方按当地的风俗把她埋葬，并把她的灵位放到他宗族的祠堂去。

唉，她的一生历经坎坷，最终客死他乡，实在令人唏嘘。

第十九章　妖魔鬼怪竞登场　成分不好尽遭殃

我和陆玉莲是一九六五年六月份通过兰庆和烈勋介绍认识的。人比不上前妻罗棉那么高、那么漂亮，但因我本人是“右派”、又是离过婚的人，能有人跟也就不错了，没有选择的余地。

其实陆玉莲在和我结婚之前已结过一次婚，是她本屯队长的儿子。队长的儿子因招工进西德水厂当工人，另有新欢，而寻找借口说她家庭成分不好（她家在旧社会是地主），才和她离婚的。

我和她于一九六五年七月在龙桑中心校，由学校领导为我们办了结婚仪式，但后来回马鞍后，由于岳母的故意刁难，开始是反对，后来又闹我们得按农村风俗举办隆重的结婚手续和仪式。我的四哥和几位姐妹也主张再办。为此，只得借三姐一头大肥猪，于一九六六年春节后再举行结婚（再用人到她家接她）。办这场婚礼时，我派人到巴头去接后母，她虽和四哥有意见，但她还是来了，还特地带一个比较重的封包和相当多的礼物。

办完这场喜事之后，我们要她留下来，她不肯，只住两天便要回巴头去，但她交待媳妇一定找时间去巴头认一认舅舅和舅娘……

说到后母，她也有好的一面。好的就是她对陆玉莲初到我家当媳妇就去巴头认她，要把她接回马鞍来。她对陆玉莲实在是很好，让陆玉莲至今仍然经常怀念她。

我们结婚后不久，选了一个巴头街天，我和玉莲一起去巴头。由于当时我是戴帽的“右派分子”，每月工资只有二十元（其他老师干部每月至少也有三十八元至五十元不等的工资），生活还困难，经济拮据，加上刚办完婚事花了不少钱，去看望后母和认舅舅和舅娘时，并不带什么东西或礼物去。

当我和玉莲到她们家时，舅舅和舅娘都出工劳动去了不在家，后母怕弟媳看不起我们，特地拿她的私房钱去买了一只大公鸡、几十个鸡蛋来煮熟染红，又买了不少糖果饼干回来，待舅舅和舅娘出工回来后，她便指着那些东西对舅娘说：“这是我的新媳妇从多儆马鞍来要接我回去而带来的，你拿糖果、饼干、蛋去分给隔壁邻舍一些吧……”

她这样做，很让我们十分感动。

当天她死活要给这儿媳妇留宿一两天再回马鞍，并手把手教玉莲如何称呼舅舅和舅娘。当新媳妇该怎么对待老人，怎样待人接物，怎样持家……

后母让年轻媳妇得到温暖和启迪，并且指点早晨起来后挑水的地方和如何暖水、打洗脸水给舅舅、舅娘……

玉莲回来后对她赞不绝口，十分怀念。

可惜后来她病重和逝世时，正是“文化大革命”的高峰期，我们家是属于“地富反坏右”五样齐全的家庭，被批斗和管制得十分严密，不能乱走乱动，无法走去看她最后一面，也没有什么东西去给她送终。

为此我和玉莲感到十分内疚，有太多的遗憾，很对不起她老人家。

话说回来，在西德县，“文化大革命”是从一九六六年五月开始的，记得当时龙桑中心校的校长玉洪雨到县开会回来后第二天，就成立了以学区辅导员陆加焕、教师黄世家和藤家光等人组织成立龙桑学区红卫兵总部（这些人都是出身好、水平低、工作能力差、性格牛的人）并张榜公布红卫兵总部成员，以及发展吸收红卫兵的条件和纲领。

第三天开始写大字报检举揭发“地富反坏右”、“牛鬼蛇神”以及走资本主义的当权派。

龙桑中心小学的第一张大字报就是针对闻名全县的教导主任卢加奎，标题是《揪出富农出身 龙桑中心校走资本主义道路当权派卢加奎》。因为卢加奎曾在西德县中学的礼堂给全县中小学教师上过几次公开课和介绍龙桑中心校的先进教学事迹，以及在全县推广龙桑中心校的教学经验，所以卢加奎在全县中小学教师当中人人皆知。

正因如此，卢加奎在龙桑得到学生家长的赞扬和敬佩，红卫兵的战斗目的就是要棒打出头鸟。

接着，第二张大字报就是《坚决揪斗和镇压“右派分子”梁高勋》。当年我虽是还戴“右派分子”帽子受管制劳动的人，后来从一九六二年元月份开始，全县的“右派分子”都由教育局统一收回并安插到各公社小学去接受管制劳动改造，比如做干事、炊事员，做养猪、种菜、打钟、修课桌椅之类的工作，很少上课堂上课。

而我由于写的字比较好，一到龙桑中心校后，即被安排当教导干事，专门刻印，后来因该校校长韦日景曾到那甲听过我的公开课，知道我的教学成绩和教学水平，便建议安排我上课。第二学期开始便让我上三年级两个班的语文课，第二学年开始便让我担任三年级一个班的班主任并教授两个班的语文和四年级一个班的数学，一九六四年开始担任三年级班主任，随班上至五年级。

我班学生成绩一贯排在同年级之首，平均分数均在七十分以上，我的教学成绩得到学校领导的认可，自然也成了出头鸟，所以棒打出头鸟就同样落在我的身上。

接着，地主出身的陈国勋老师、程绍武老师、李玉红老师、龙桑和全县数学名将黄一老师、小土地经营出身的唐加豪老师等，陆续被揪斗，白天被斗后晚上被集中到村公所的一间房子里让武装民兵看守。

当时虽然被揪斗甚至是游街，但是一般人还是可以上课的，如我和陈国勋、程绍武、李玉红这些人除开街天必须戴高帽参加游街之后，晚上还可以在自己房间睡，还可以上课，但红卫兵在各个教室的门板上打一颗洋钉，你进教室上课时必须把高帽挂在门板上再进去，学生还喊起立和敬礼，但下课走出教室后要戴上高帽。

我的高帽上写着："地主出身'右派分子'梁高勋。"

但卢加奎和唐加豪就不能上课了，而且被集中关在大队里行动不得自由。

不到两个月时间，整个龙桑学区和龙桑大队几个村屯揪斗和关押的各机关干部、教师和群众共一百人左右，被称为最大官衔的、被揪斗最多、最厉害的人是龙桑街上的邓新。每次揪斗他时，总用那条比赛用的拔河绳子把他挂上校园里的那几棵大树上，让他承认，成员和武器藏在哪里？直到他承认或乱指出来才放他下来。有多次他说枪放在家里的某处某处，红卫兵才把他放下来，但到家后都找不见，又说他乱讲，所以又重新将他架到半空中，下面放着几泡牛粪，用绳子一拉一松，让他脸扎到粪堆里去，这也就是打倒"牛鬼蛇神"的一种惩罚。

一九六六年七月全县中小学教师集中县城参加全国轰轰烈烈开展的"文化大革命",所有"地富反坏右"出身的人都以"五类分子""残渣余孽"之名被揪斗。

自从那年未回家过一次,除春节之外。后来几年春节都不得回家过节，而且也很少能请成假回家。

当时我在龙桑中心校任四年级一班班主任和语文老师兼全校体育课老师，白天上课，晚上被批斗。一九六六年、一九六七年还是这样，上课时把"'右派分子'梁高勋"的高帽挂在教室门板钉着的那颗洋钉上，进教室时，值日生照常喊："起立，老师好。"上课时大家都专心听课，但下课后你必须戴上那个高帽。

我虽然也是被揪斗，但不是 ×× 成员，是“五类分子”，虽然每当街天被拿去参加游街或每次大斗也被绑去陪着斗之外，其余时间都得回自己房间睡觉、休息。

特别是那位学校炊事员“哥尽”和我关系比较好。他特别交代我，每街天我要陪斗时，就叫我拿自己保管的那条草绳交给他绑我。

他说：“我绑给你松松的，如果让别人绑，你受不了啦。”

游街回来后也由他松绑，我又得自由。

在当时我有两个特长：第一写字好，第二点汽灯。写字，当时在隆桑拿地区算我写得最出名最好，不管各单位要写横额联或欢迎辞或刻写都要我写，我几乎成为当地的写字专家。特别写毛主席语录，各部门、各单位都要做荣门、写大语录，我忙得不可开交。

有时红卫兵没有人斗，要拿我去斗时，总因该单位留写字而没去受罪。

但你写字得十分小心，写错了你就“背时”（土话是倒霉的意思）了。有一次，我刻写一份毛泽东思想宣传材料，我漏写了一句“高举毛泽东思想伟大旗帜”，就这么一句，我整整被批斗三天三夜，差点被“坐飞机”（手脚被绑着，高高挂在树上）。有人说，把他打伤了，以后写字难找人啊，所以幸免“坐飞机”。这是我“写字好”得到的一个好处。

所谓点汽灯，并不是什么技术活，但当时在龙桑这个地区还没有电灯，所以每逢集会、喜宴或晚会都要点汽灯的。因为龙桑中心校是全县重点小学，又是全县最出名的大型中心校，当时有十五个班的中心校，只有龙桑中心校全校有三十多位老师，晚上都是集中在办公室备课，都是点汽灯，都是由我点。久而久之，不论什么单位设宴、开会，都要点汽灯，都得借灯借人去点。

有一晚等西德县文艺宣传队到龙桑公演，当时能看这样的大型演出是非常难得的，但“五类分子”是一律不准看的。那晚演出是在学校广场，点灯时学校照常喊我去点汽灯，舞台两边两盏雪亮的汽灯照亮了整个广场。

即将开演时，龙桑镇民兵营长上台宣布："热烈欢迎西德县文工团——县毛泽东思想宣传队到我镇宣传演出。"

最后他宣布："广大民兵和红卫兵要加强巡逻，保卫好会场的安全，严禁'五类分子'进入会场，发现'五类分子'进入会场者一律扭送会场办公室处理。"

听了此话后，我立即离开会场，跑回自己房间睡觉去了。开演不到五分钟，两个汽灯先后由白变红，渐渐暗淡下来。一些红卫兵和民兵先后上台乱扭乱动，并不知道汽灯是要打气的。最后越来越红，以及变成火苗，有人提议喊梁高勋来，接着广播大叫："梁高勋，马上到讲台来。"

我听见了，知道汽灯需要我去搞，却故意不走。红卫兵到房间喊我，我说："刚才民兵营长宣布什么你们不懂吗？如果叫我去，除非叫民兵营长在会上宣布梁高勋可以到舞台看护汽灯，大家不要乱斗他。"

他回去传达后，民兵营长无奈，只好这样在会上宣读这句话。

我给汽灯打气并搞好后，就站在演出台旁边看演出，当时演出的节目有《红灯记》《林海雪原》《沙家浜》等革命样板戏，看到入迷处我情不自禁地拍起手来。

被守在一边的民兵用步枪指着我说："'右派分子'不得拍手，不得喧哗。"

我只好闭嘴，不敢再出声，以免那支枪走火，我就白白地完了。

后来不论到哪里点灯，甚至毛泽东思想宣传队下村演出都非要带我一起去不可。

有这两点特长，所以游斗、特别那帮"反共救国军"做苦工，我都不被拿去做。

第二十章　运动颠簸人性变　还有真情在人间

一九六八年胡荣公社所有被揪斗的机关、学校的干部和教师总共一百多人，全部被送到胡荣粮所背后的那片荒地上劳动改造，名曰：“胡荣公社洞练五七干校。”校长是胡荣供销社主任韦相同志去兼任。

当时五七干校“犯人”有：胡荣区委黄世庭书记（被打成走资派）、胡荣高中校长罗绍仁（被打成黑帮总头目），以及胡荣高中教师李世邦、梁森、蔡玉苹等十几人，被打成罗绍仁的黑帮分子。

在胡荣五七干校期间，被批斗最多最厉害的是黄世庭书记和罗绍仁校长。当时都是白天劳动，晚上要跑步两公里多到胡荣高中接受红卫兵批斗……

同被揪斗共患难期间，梁森老师和蔡玉苹老师在患难时期产生爱情、结成伉俪，而同是胡荣高中老师的李世邦则因被红卫兵打成罗绍仁黑帮分子而被老婆闹离婚。

李的老婆系龙桑大队三合屯人，名叫卢秀莲，原系龙桑大队妇女主任。“文革”开始后参加红卫兵组织，不久被提拔到胡荣公社任妇女干部，还不能是正式干部。她与李老师结婚后已育有两个儿子，大儿子五岁，小儿子两岁多。

李被揪斗之后，她不但不来探望李，却向李提出离婚。

李说："如果不为两个儿子，我是愿意离的，但是如果离了，两个孩子就惨了。我被揪斗后，无法照顾孩子，而她又到公社来了，虽然升了官但不是正式干部，还没领工资，她拿什么来抚养两个儿子。现在我每月五十多块钱，留下十五块作伙食费和零用钱就够了。每月领工资后，我照样拿回家三十元给两个孩子。"

当时虽然被揪斗了，但工资照常领的，只有罗绍仁被学校扣留，最后一次也全部补发给他。

每月李给她三十块钱，她照收，但是经常到五七干校闹离婚，搞得五七干校鸡犬不宁。

我曾劝李说："人家经常来闹离婚，你还寄钱给她干什么？"李说："我不是寄给她，是寄给我两个儿子的。"

"小孩刚几岁，不懂花钱的，你寄给小孩，不是给她花了吗？"

"反正我尽我做父亲的责任，他们长大以后，一定会知道的，他们的父亲在这样的情况之下，还寄钱给他们，到时，也一定会有人告诉他们说他们的母亲对我落井下石，以后也不会有什么好下场的。"

吕为了两个儿子，真可谓忍辱负重，很值得尊重和学习。

果然"文革"后期，李世邦得以解放，回胡荣高中上课了。与此同时，她也因为在"文革"期间，跟公社那帮人一起整了不少人，在平反过程中被人举报，结果被辞退回家。

回家后她并没有老老实实反省自己在老公落难时不是伸出援助之手，而是落井下石，划分界线。

但在她落魄时，李却向她伸出手，让她带上两个小孩到胡荣高中一起生活。

唉，也真是，林子大了，什么鸟都有。

人啊，做事要凭良心，婚姻要经得起风雨、经得起大浪，才能度过美好的一生。

在这期间，提到蒋玉恒和方洪玉两人的爱情曲折过程。

蒋玉恒整风前是燕洞中心校教导主任，当主任期间就是和学生方洪玉相爱。后来方到鹅城师范读书，蒋被划为“右派”后，在上甲机械厂劳动改造。方洪玉师范毕业后分配到西德县定禄中心校任教师。

此时西德县文教局会计卢同机见到方洪玉年轻美貌，便向其求爱，但方向卢表白已和蒋相爱了，不能再接受他的求爱。卢竟以自己是教育局干部来和现在被划为“右派”而受管制劳动改造的蒋玉恒比，对她说：“鲜花插在牛粪上，多可惜呀？”

卢同机不死心，总觉得凭他现在的条件不怕方洪玉这朵鲜花追不到手。

为了达到目的，他不惜利用各种卑鄙的手段阻止他们来往和见面，如他通过在管教队当领导的亲戚，把蒋玉恒和几名“右派”一起放到离管教队三十公里远的一个不通公路、不通电，只有一条羊肠小道的偏僻小山村，叫桃源村，在那里烧木炭，名堂是给管教队搞创收，实际上就是想采取这种方式来隔断他们，阻碍他们交往，以达到自己的目的。

但是卢同机的这种行为是徒劳无益的，是无法割断恋人间的丝丝缕缕的，虽然见不到面，但鸿雁传书在每一周中暗里存在，更加深了他们之间的感情。那种人间中浓浓的爱是永远割不断的。

经过一段时间的观察，卢同机以为蒋已经老实而不会再和方有来往了，才让他领导亲戚让蒋和那几位“右派”返回管教队工作。

一个星期天的早上，卢同机骑一辆新的凤凰牌自行车到六甲，然后步行到定禄接方洪玉回县城。他代她向教育局请假，让她在县城玩几天。

可是到县城后，方一下单车直奔上甲管教队向蒋诉说这些情况，并催促蒋应尽快完婚，以免遭人不断纠缠。

蒋说："我确实被管制劳动改造，已被降薪留用察看，不但现在无法完婚，而且怕影响你的前途啊。"

方斩钉截铁地说："我坚决等你，生是你的人，死是你的鬼。"

卢同机见准备到手的鸭就要飞走，气急败坏，让领导亲戚利用职权，在管教队召开批斗大会，把"右派分子"蒋玉恒拿来批斗，想让蒋屈服而退出。谁知他越这样搞，越让蒋相信他和方的爱情坚不可摧。

经过近一年的追求，卢同机无法追到方，只好悄悄放弃了。

蒋和方后来有情人终成眷属。

一九七八年平反后，蒋调往儆德初中任教师，方洪玉任多儆中心校教师，生育一子一女。

而卢同机因为在"文革"中利用职权整人，加上在当会计期间犯有贪污行为，被下放到下洞靖中心校饭堂，从事工人工作。

第二十一章　险被小人给暗算　水库劳动当人看

一九六八年的一天傍晚，卢汉仅突然叫我到红卫兵总部去，说："梁高勋，现在马上捡你的行李，等下有人带你到大吉去。"

大吉是龙桑镇一个最边远、最贫穷的偏僻村屯，全村没有一条河，总共只有几块田，其他都是山地，地处恩隆、田州交界处。

我问他："到那里去做什么？"

"去做什么不能告诉你，你这种'右派'不能问那么多，叫你去你就去，废话少说。"

我意识到他们可能要对我下毒手。

"我调来龙桑，是有西德县文教科的调令才来的，现在叫我去大吉也必须有县文教科的调令才去，况且你只不过是一位民办教师和普通的红卫兵，你无权调动我的工作。"

他立即叫我跪下。

我又说："跪下可以，你可以批判揭发我的罪行，但你不能乱来。"

"你是'右派分子'，你没有资格跟我们红卫兵谈条件，不服从安排，你只有死路一条。"

被逼无奈，我只好捡起行李，在两个手拿步枪的红卫兵押送下，连夜向大吉走去。

也许是我命不该绝，在他们押送出龙桑不久，在那崎岖的小山路上碰上从龙桑喝喜酒回大吉的几个村民。他们一路跟在我们后面直到大吉。两个红卫兵把我安排在大吉小学一个茅草房住后，就返回龙桑 。

旁边另一间住着一位男老师叫黄晓山，他过来帮我整好床，又从他房间拿几支蜡烛来给我，问："梁老师，你吃过饭没有。如果没吃，我那边还有饭菜。"

"我吃过了才来的，因为走那么远的山路，人也累了，想早点休息，谢谢了，黄老师。"

他没再问什么，转身返回他房间去。

我在大吉住了半个月，后来通知我可以回龙桑了，我也不问是什么原因，只要能给我回去，也算是祖宗在保佑了。

在大吉的半个月里，我很感谢黄晓山老师，在知道我是"右派"来大吉接受贫下中农再教育的情况下，还对我那么好，让我过去跟他一起搭伙吃饭，这在当时是难能可贵的友情。

卢汉仅后来竟爬到多儆公社当上副书记。一九八〇年，我调回儆德后，正处在处理"文化大革命"遗留的问题时期，我向公社党委举报他在"文革"时期罪行后，他被迫向我赔礼道歉，过后不久被调到黄连山林场去当工人。

一九六九年九月二日，我突然接到胡荣公社的通知，调我到足六水库去劳动。第三天中午，我雇了一辆手扶拖拉机装运我的行李，到胡荣公社报到。手拖开到巴桥刚要上那六坡时，忽然见到妻子陆玉莲。她是从家到县城住一晚，第二天搭恩隆车至胡荣后步行去龙桑的。见到她来我立即调转手拖回学校，向学校领导说明爱人来探亲，我迟两天再去公社报到 。

回学校住两天之后，十一月七日我便和妻子一起到胡荣，送她上汽车回县城小姨家，由她择日回儆德。

到公社报到后，秘书直接叫我到足六水库报到。

到了水库才知道，胡荣小学“右派分子”王朝流和被划为坏分子的卢建华也被调到足六水库来劳动。当时足六水库指挥部指挥长是关强。关原是马隘中心校教师，一九五八年整风运动时是马隘中心校球队的球员之一。当年马隘中心校球队是全县最出名的球队。记得当时的队员是杨全旦、胡济民、关强、关笃志等。这支球队在整风运动后全部被提拔，杨全旦被调到县委宣传部，关强被调到胡荣区任区长，胡济民到西德中学当体育教师，关笃志到东关镇中心校。

由于关强是教师出身，所以对我们几个，他特别照顾，根据我们的特长来安排工作，如安排王朝流当电工，安排卢建华和我在指挥部搞机动，后来那个铁匠师傅赵国庆（是四类分子）便悄悄对我说：“你请求来和我打铁，打铁爱做就做，做少和偷工休息，神不知鬼不觉，别人不会知道。”

我一向指挥长提出，他马上立刻答应，于是我便跟这位铁匠师傅赵国庆打铁。

赵国庆师傅又懂木工，他边教我打铁，边教我木工知识和技术，并利用打铁机会做了许多木工用的铁具，如羊角锤、斧头、铇刀、凿子……我的木工技术就是在足六水库学会的。

在足六水库三年多时间，虽然春节或平时不得请假回家过，但这几年的劳动生活还是愉快的。谁的爱人都得到水库看望自己的丈夫，玉莲也曾到水库看望我一次，白天我们做点轻微劳动之外，晚上晚晚都到河边打鱼，由田庄一直打到念色，少的至少每晚一两斤，多的一晚打得十多斤。

每打得鱼多时，指挥部的人员都一起到我们这吃鱼，特别是王朝流炒得一手好菜，所以关指挥长经常和我们一起吃饭，他对我们从来没有乱骂过，也没有乱指挥和乱强迫我们劳动。

例如有一次，本来他可以直接布置我们去要柴火的，但是他不这样做。

那天是礼拜天，指挥部的人都回家去了，指挥部没有柴火烧了，他特地跑到我们三个住的房间来说："你们谁有较锋利的砍刀来借给我一下，现在指挥部没一点柴火烧了，本来可以叫你们帮忙去要一点，但主要是礼拜天，你们休息，所以借你们的砍刀来，我自己去要。"

老实说，如果平时他对我们不好，我们也不理了，但他平时对我们那么好，怎么让他自己去砍柴？所以，我们三人异口同声地说："你回指挥部去，我们三个人一起去要就是了……"

他说："这样你们就少休息一点了，对不起。"

你看他这样做，真叫我们心服口服。

另有一晚，为了扭转民工们劳动散漫的风气，指挥部其他人建议拿我们当活靶子来教育大家。

于是，他事先通知我们说："因为指挥部大多数人建议把你们当活靶子来教育和扭转各连民工的劳动散漫风气，通知今晚批判你们，所以预先告知你们一下，望你们不要思想紧张，随便应付一晚……"

所以，我们谁也没有紧张，"文革"以来被揪斗和游街已经惯了，有什么可怕呢？何况他事先告知我们了。

第二十二章　同是落难何苦逼　绝地反击不客气

这天那亮乡所有民兵和红卫兵到那亮初中集中开会，宣布林彪坠机死亡事件，我被校长卢建军指令到山上砍柴，我并不知道发生了什么事情，但是几年来被批斗、游街惯了，并不见得什么稀奇，早上煮好早餐吃完后又带上中餐，便向老坡森林去。

直到中午饭时，我早要得几担柴火了，但只捆好一担准备挑回学校，其他堆放好，如果明后天再要，不必去再找了，捆绑好后，才吃饭。

看看时间还不到中午一点钟，我找个隐蔽地方铺草便睡觉。傍晚五点钟开始挑柴火回校，到校已是下午六点，人们吃饭后走光了。

我吃饭的时候，平时和我很好的最老实憨厚的炊事员陆锦同志悄悄进入我房间偷偷告诉我："今天开秘密会议，只有红卫兵和民兵以及全体老师参加，他们说林彪副统帅掉飞机死了。说不能公开宣传，特别不能让五类分子知道，还说谁透露出去，谁就是反革命……"

最后他说："希望你不要乱说乱问，更不能说是我告诉你的。"

因为陆锦同志是文盲，人不大灵活，所以听了他的话后，我还有疑惑，但除了他，在那亮范围再也没有一个是我的知心朋友了。

第二天，校长继续叫我去砍柴，仍然叫我五点钟才能回校，为了证实陆锦所说的话，而且还想知道更多的事，并且柴火昨天已经要得留下来了，我想趁机到胡荣街了解情况，因为我在胡荣有很多知心朋友。

所以，上午到林里把昨天要得的柴火捆好一担，并挑到离公路不远的地方，待去胡荣回来时一挑便可以回校了。

到胡荣后首先到胡荣街理发室，那几位理发师和我非常好，特别是陇弄屯的“公共”，一见我来，便拉我到后房告诉昨天晚上各地开秘密会的情况，后来便在理发室公开谈论其他问题。

不料，那天那亮学区有一位小学红卫兵教师也是去胡荣，在理发室里与我相碰，他问我：“来胡荣做什么？”

我编造说学校领导派我来买东西,他又追问“学校派你来要什么东西？”

我只好又按实况编假话说：“我是学校派我要柴火，五点钟以后才能回校，所以我趁此机会到胡荣买碗粉吃……”

当天这个红卫兵回那亮便告知校长，当晚我就被那亮初中全校师生拿来批斗。

当然，自从被那个红卫兵在胡荣见到我并追根问底后，我预感今晚回去可能会有麻烦，所以事前就准备了一套对付红卫兵的做法。

当他们在批斗大会上逼问我时，只有这么说：“我好久不得吃卷粉了，趁今天下午学校派我要柴火之机而到胡荣买一碗粉吃罢了，别无他意。”

许多人追问，我这么答后他们已没有什么可再追问了，可是卢安理老师这个曾经在龙桑中心校共同工作过的人，自身并不是红卫兵，且自己的出身也并不清白，却想讨好红卫兵。

他上台斗我时，首先用脚踢倒我，叫我跪下之后，又用手掌往我嘴上打了一巴掌。我顿时口流鲜血，疼痛难忍。

之后,他问我:“你不老实交代,光去吃一碗粉,跑几十里路,我不相信,你狡猾，就打死你……”

我当即怒目冲冠，一种报复之心迅速出现在我脑海里。就在他第二次踢我的时候，报复计划已经形成。

我灵机一动：“何不把陆锦告诉我的问题嫁祸于他？”

于是，我要求说："报告红卫兵领导同志，你们把卢安理老师喊走之后，我才交代实情。"

卢建军马上说："卢老师，你先离开回去，我看他讲不讲实话？"

我又说："你给民兵或红卫兵去看，不准他来偷听，我才讲。"

后来派两个红卫兵送卢回房后，我才说："昨天晚上我去砍柴，回来吃饭时，卢安理偷偷告诉我说，今天下午开秘密会议宣布，林彪副主席掉飞机死了，不给你们五类分子知道，我是看在与你一起在龙桑工作过偷偷告诉你。如你讲出去，你我都没有好处，而且完蛋……"

我刚讲完话，会场马上有人高喊："打倒卢安理，打倒卢安理，揪出卢安理……"

不到两分钟，卢安理就跪在我刚才所跪的地方，这是他脚踢我、手掌扇我的嘴巴，打得出血所招来的横祸。

这个问题现在说来，我这样做是十分冤枉他的，但是就当时来说，这叫作"人不犯我，我不犯人。人若犯我，我必犯人"和"善有善报，恶有恶报"。

如果他用文斗，不用武斗，他是不会惹来此祸的。

在此，我又回头补充还在龙桑中心校与这帮人被红卫兵揪斗的日子里，有许多值得写出来的"好事和坏事"。

被指责为"××司令"的教导主任卢加奎，他是一位深受龙桑家长和干部群众爱戴和敬重的好领导、好老师。当时龙桑大队党支部书记陆锋和他很要好，但卢加奎是学校红卫兵揪出来的，虽然关押是和大队的四类同关在一起，批斗以及具体材料全是学校红卫兵说了算，作为党支部书记的他是无法冒险来担保得的，只是知道卢平时爱喝酒，担心卢无钱买酒喝而设法常送钱给卢。

但他送钱的方法很精明，每次他要送钱给卢时，他特别大骂卢说："我要看看卢加奎这张狗脸，龙桑群众、家长、干部待你如何，经常喊你去喝酒吃肉，你却做反党反人民的狗行为来。"

边骂边到“犯人”群内喊他，假装推倒他又扶起来，趁机把钱塞到他的衣裤袋里去，或写字条安慰他想开点，不要弄出一身病来。

平时批斗时，骂声比别人大，但都是故意捡那些芝麻绿豆的无关重要的问题来批，所以卢加奎非常感激他。

有一晚，那些红卫兵趁党支书陆锋去开会不在，无聊没事干，就去房间拿卢加奎来批斗。他们把他绑在树干上，叫他交代罪行，卢加奎对他们说：“我没有罪啊，叫我交代什么呢？”

他们就说：“你不老实，我们红卫兵就是要打倒你这种坏分子，以免让你这种坏分子死灰复燃。”

最后，卢加奎被他们打得晕过去，才被抬回房间。

再说一九五八年“整风反右”我被揪出来之后，他们不准我出街，不给我自由。我原来最要好的同事陈孔，每天学习休息时，他见我被强迫劳动或被关在宿舍里不准走动，他常买糖饼来给我，每次拿东西给我时就故意大声谩骂我道：“梁高勋，党和人民给你每月几十块工资，你却当‘右派’，我要看你这个狗脸。”

他一骂，我便知道他又买东西给我来了。好几次在批斗会上，他声音最大，气最高，但讲的问题都是跟别人的屁股走，但是非的问题他只字不提。

特别在一次批斗大会上，民兵营长知道陈孔和我关系很好，故意让他在大会上一定要揭发我这个“右派分子”的罪行，叫他不能像以往那样捡轻的讲，必须要揭出要害，揭到深处，否则就要一起批斗，说是庇护“右派分子”，与“右派”同一类货色，就得一起打倒。

陈孔急中生智，假装“哎哟”一声，立马弯下腰，满脸很痛苦的样子，有气无力地对民兵营长说：“报告营长，我肚子痛，要上茅坑。”

民兵营长不假思索，让他马上离开，还真的怕他拉在会场丢人。

而他这一走开，不但给自己解了围，也给我悬在半空中的心安然落地。

所以，我终生不忘记我这个好友。

第二十三章　落井下石总会有　最终砸伤自己脚

另外，在“文革”时期，也有很多人认为我们是永世不得翻身了，所以乱捏造事实，落井下石。这种人结果就是和卢安理同样被大家“整死他们”。

例如，黄一是龙桑中心校和西德县及鹅城地区的优秀教师，他的数学教学质量是十分出色的。曾在全区全县上过不少数学教学公开课。如果不是碰上这场运动，现在他肯定是特级教师了。

当时他有个亲属是红卫兵在护着，不然他早就被揪出来了。说实话，当时谁教学好、成绩好、工资高，就非要挨揪斗和打倒不可，他的处境也不保险的。

他为了讨好红卫兵，为了保全自己，竟捏造事实对我们落井下石，让我们多受了不少皮肉之苦。所以被卢加奎和陈国勋这些人报复，说他是 ×× 的通讯员、特派员。

于是，他立即被红卫兵揪出来批斗，并用挟手指的苦刑刑事逼问他。

他受刑痛得熬不过，承认自己是 ×× 通讯员、特派员，结果被公安人员绑走，拿去判刑入狱五年。

龙桑中心校女教师李玉红，自己的丈夫阳英发已被划成“右派”，被送到外地劳动教养去了。家公阳克功、家婆罗慧青都在西德一中被划成“大右派”，应该是同情我们这类人才是，或者是可怜我们这些人一点。

可是她为了讨好红卫兵、为了保全自己而和黄一样，每次批斗我们时，她总是积极检举揭发我们。

如果我们真正做错事了，真正犯罪了，并不怀恨她的揭发。

然而，她无中生有，乱捏造事实来检举揭发我们，给我们增加不少麻烦，让我们受不少的罪。

所以，大家一致说她是 ×× 密探员。特别有一晚半夜了，特地派人用一块石头打到红卫兵总头目黄世家的房间去。

红卫兵总头目黄世家马上和几个红卫兵手拿着步枪、冲锋枪匆匆跑到我们睡的房间来，怒气冲冲地对我们吼：“刚才是哪个反革命分子用石头砸我的房顶，赶快说出来，不然我就不客气了。”

我们都不吭声，都低着头，像与己无关一样。

他见我们不出声，就和几个红卫兵拉起枪栓，吓唬我们。

“再不说是哪个干的，我就一枪打死你们。”

大家一听，你看看我，我看看你，一会儿才慢腾腾地说：“是李玉红做的，她对你们这帮红卫兵整她家人、整她老公很是不满，她怀恨在心，所以要报仇，并且她是我们 ×× 密探员，她隐藏在你们内部好长时间了。”

于是，她就被揪出来，和我们一起天天接受红卫兵的批斗和管制。

我们这些“犯人”以那句话作宗旨，就是“人不犯我，我不犯人。人若犯我，我必犯人”。要让他们知道善有善报，恶有恶报。

人啊，防人之心不可无，害人之心不可有。否则，哪天轮到自己头上还不知道怎么回事。

在五七干校劳动时期，罗绍仁要柴火时不会捆，人家要得一担了，他还未得一捆，都是我帮他要，并帮他捆绑，做成一担给他的。

我曾经常讲笑话对他说：“现在我帮你要柴火、帮你捆柴火，以后你回去再当校长时，也要帮我做一点好事就得了，不要忘记有一个叫梁高勋的人帮你捆过柴火。”

特别平时我对他的称呼还是以“校长”两字来称呼他，黄世庭书记我也仍喊他黄书记，但他却说：“老梁今后你就喊我黄世庭或者喊老黄就得了，不要再书记长、书记短地喊我啦。”

但我很有信心地说：“你们总有一天会恢复原职的，不讲你们，连我这个“右派”，相信有一天我的冤屈一定会大白于天下的，因为我根本没有违法乱纪，我并没有犯罪。”

不出所料，五七干校的“犯人”不到半年便成批成批被“解放”，回原单位工作或官复原职而调往其他地方工作。

如罗绍仁“解放”之后便调到多儆中学任学校革委会主任（当时校长取消，全叫革委主任），不久又调任西德县文教局局长，黄世庭“解放”后也调任县人民政府工业办公室。

一九七二年全县中小学教师到县集中学习去了，我还被留在那亮初中喂养那只母猪，不但苦而且闷。

于是，我想起在五七干校帮罗绍仁要柴火时讲的话。现在他当局长了，向他请假应该得吧。

就想往县城找他，但又想，他现在正在县城领导全县中小学教师学习，一定在会议办公室里学习，我怎么能钻入办公室去找他？那些老师会让我进去吗？这样会影响他的，也很难见到他啊。

我苦思冥想，突然想到打电话找他。

对，打电话，神不知鬼不觉，他也好有个台阶下。

于是，我便跑到那亮粮所打电话，直接打到县教师学习会议办公室找罗绍仁局长。

接电话的人说：“罗局长正和人谈话，有什么事讲给我转告他就是了。”

我说：“叫罗局长来接电话，他自然会知道的。”

于是，他只好喊：“罗局长有个人说有急事找你，问他是什么名他不讲。"

罗局长便来接电话了，当他知道是我之后便说："找我有什么事呀，老梁？"

我说："我已经几年不得回过家了，趁现在暑假期间想请假回家一次，望你开个恩吧。"

他马上说："可以呀，明天你马上来我家吃顿饭再回去。"

我激动地说："得了，罗局长，饭就留以后再吃了，你同意我回去这就够让我终生难忘的了，但是因为我在校负责饲养一头母猪，望你转告那亮初中校长，派一位老师回来帮忙看管这头母猪……"

他说："可以，等下我马上转告陆建军校长，你明天来就得了。"

我说："谢谢你，我直接回家了，开学按时回来就是。"

就这样从一九六七年至一九七二年我只有这一次得请假回家住一个月时间，开学前一天我回到校后，陆建军敢怒不敢言。

一九七二年下学期，也就是我回家住一个月回校之后不久，本来上级已下通知，调我到胡荣高中来了，但陆建军故意不通知我。

直至国庆节时我有事来胡荣街赶圩，胡荣公社文教会计卢建新见我时，说："你早就调到高中来了，为什么到现在才来？"经过和他谈话才知道是陆建军故意"卡我"留在那亮。

当晚回到校后，我立即同陆建军说："胡荣高中说我已调到他们学校去了，叫我马上去报到，所以后天我要去报到啦。"

我这样说，他无可奈何地说："去就去吧。"

一九七二年十月三日我到胡荣高中报到，领导说："你为什么到现在才来？"

我将前天来街上才知道的情况对他讲，然后他就唤来管后勤的人布置我的工作：第一是接替唐启梦的工作（唐启梦也是"右派"，一九六二年元月上甲这帮"右派"重新分配回各校后，他一直被安排在胡高养猪，现在有两头母猪、八头中猪和一窝小猪仔），第二是负责刻写和打钟，工作似乎比唐启梦单纯养猪还要多，但是唐启梦是垛猪菜、磨米、煮、喂等全由他自己做，而我现在养猪，要菜、剁菜、磨米这些工作由各班学生轮流派人拿来放在养猪房，由我负责烧火煮熟和负责喂。

这样，我就有时间去刻写了，学校发现我刻写很好，工作由原来刻试题到后来刻印学校的工作计划和工作总结之类。

渐渐地靠近领导，很多老师也开始和我讲话了，除了学校革会主任王承宽这人较粗鲁、较牛之外，其他领导都好，如总务主任李文彬（是王宏发姐姐王椿枝的爱人，王椿枝是我同班同学，她家庭也十分复杂，她对我很同情）、学校党支部书记杨良、教导主任潘绍基，他们对我也很好。

一天全校十二个班集中收各班的筒萝叶并剁碎后在各班教室门口、学校广场（除球场之外）、各班走廊等空地上，到处晒筒萝叶。那天晚上将下自修的时候，我忙了一整天正洗脚要睡觉，突然天空乌云密布，黑压压的，不时打着雷、闪着电，眼看一场大雨即将降临。

此时校革委主任王承宽突然到我房门大喊："梁高勋，你现在马上去把今天各班所晒的筒萝叶全部收完集中放猪房，如猪房装不完，就拿到学生食堂放，要收好，不要有所掉落。"

"天呀，今天十二个班六百多师生收晒一天的筒萝叶，全校遍地晒的筒萝叶，不讲给我一个人全部收得完，恐怕只收一个班也难收完啊。"

此时，收不完便挨批斗的念头立刻出现在我脑海。

我马上回答："我现在肚子痛，无法去收。"

他大声吼道："扯淡，刚才还见你好好的，早不痛晚不痛，怎么马上肚子痛了？"

"刚才也痛了，但还痛得不多，现在确实痛多了，顶不住了。"

"痛也去。"

我说："实在无法走动了。"

说完，我“哎哟、哎哟”叫个不停。

他只好跑回办公室门口打钟下课，并紧急广播说：“各班注意，现在马上去收今天所晒的筒萝叶，各班全要点好名，看谁故意不参加收，明天把名单交到办公室来。”

于是全校各班由班主任和任课老师带队连夜紧急收，大家整整忙了四十多分钟才全部收完。

如果光我一个人去收，收到何时啊，所以只能找个肚子痛的借口搪塞过去了。

但第二天早上开的师生大会上，我还是没躲过被批斗的劫难。

王承宽在大会上说:“昨晚大雨来临，大家都在抢收筒萝叶。只有“右派分子”梁高勋一人躺在床上不起来，故意说是拉肚子，实际是在逃避。他是怕辛苦、怕劳累。他这种“右派”落后分子，我们必须要严厉地对他进行批斗，要加重对他进行劳动改造。现在我宣布，在他原来喂猪的同时，再罚他打扫学校厕所一个月，以观后效。”

师生们挥臂高呼：“打倒‘右派分子’梁高勋，严厉处罚梁高勋。”

就这样,我这个“右派分子”的工作更加繁重了,可我还能再说什么呢,怨天天不灵，怨地地不灵。

心想：“妈呢，你王承宽这样整我，哪天我得以翻身，我要让你死无葬身之地，否则我誓不为人。”

第二十四章　放假回家他力阻　幸亏支书给条路

一九七三年放暑假后，师生们已经陆续回家度假了，我仍被留校养那一帮猪，前段还是学生轮流剁菜、磨米，我只不过负责煮和喂，但放假后全部由自己去做，不得回家已经难受了，还要增加工作量。

所以，思想更不能平静。于是，我计划试着去请假，但向那个糊涂者王承宽请假是“公鸡下蛋”了。

我注意观察王承宽离校后，再向当地的党支书杨良请假。此时他正带他的孙子在门口，他的孙子正哭喊着要吃梨果，因为学校那棵鸭舌梨硕果累累，就在他房门口。

他对孙子说：“爷爷爬不得呢，怎么办？”

我急忙说：“来，叔叔帮你摘两个给你。”

不经他同意，我利索地爬上树，迅速摘了几个梨果下来给他孙子。

他随即叫我进家去一起吃果。我毫不迟疑地进他家，并向他请假：“杨支书，我好久不得回家了，想趁放暑假请假回家一次，请你另安排人养猪。”

“是呀，我忘记了，应该在放假前安排人养猪，让你也回家看看家一次的。好，今晚我再另叫留校老师来商量一下，明天再答复你吧。”

杨支书的这几句话像一股暖流，顿时温暖了我的心，周身热乎乎的，就算今晚其他人不通过，有杨支书这样的和蔼态度，我已很感激了。

不一会儿就见办公室门前那块小黑板上写着："今晚八时，留校老师及各班留校同学集中到办公室开会，希望各位准时到会，杨良。"

晚八时五分，我悄悄到办公室背后偷听，约二十多位师生听杨支书讲话后，鸦雀无声。

只有陆毓全说："我认为不应该给他回去，他是"右派分子"，受管制的，怎么和我们革命师生相提并论？特别那帮猪，换人去喂养不习惯会瘦的……"

他尽量阻止，企图把我管得严严的，不但不能回家，今后应该更加严管。

听完他的发言，我以为杨支书会采纳他的意见。我已经心灰意冷了，后来有一些红卫兵也附和陆的意见。

但最后杨支书说："他虽是"右派"，但党对这些人的政策仍然是教育、改造他的，要教育改造好一个人不单单靠强迫、压制，要热忱地帮助，让人有温暖的感觉。我的意见还是让他回去。至于养猪，每班由留校同学负责一天，这样每十二天才轮到你班一次。整个暑假期间，每个班只轮到两三次，问题不大，让他回去后使他心情舒畅。下学期他认真工作，同样收到很好的效果。"

由于杨支书的一席话，大家没有再吭声，只有陆在会上说："我保留意见。"

就这样一九七三年暑假我又可以回家一个多月时间。

在胡荣高中整整两个多学期，一九七三年九月份教育局已下调令将我调到西德师范来。可是不知是时任胡荣文教干事的王英，还是胡荣高中领导故意不通知我。

国庆节后的一天，我出胡荣街来。胡荣公社文教会计卢建新又问我："喂，还不走呀，进了县城，还这么留恋胡荣？"

我惊讶问他后，他才具体告诉我说："开学初我去县开会，散会时县文教局把调你到西德师范的通知书让我拿来，我已交给文教干事王英同志了，是不是他忘记了，还是学校故意不放你走……”

第二天，我特地请假到县城去了解情况（怪得王承宽这么轻易同意我请假），到县城后，我首先到县文艺队杨辉（襟弟）家休息之后再去师范。

刚进杨辉家门，正碰西德县文化馆馆长王英俊（原多儆公社党委书记）在室内与杨辉谈话。

见我进门，他马上说：“喂，老梁，我已经和师范王绍昆主任讲了，你到师范报到后，先给我文化馆借用几个月，怎么这么久你不到文化馆来，是什么原因？”

我说：“我根本不知道调来师范，昨天胡荣公社文教会计讲了我才知道，现在我是特地请假到县城来了解这些情况的。”

正讲到这里，西德师范革委主任王绍昆也恰好到县文艺队来，一见到我们，他说：“你们也太过分了，起码到我们师范报到，然后再按借用手续，写个条文借用多久，有凭有据才成嘛，现在来一个月了，还不给我知道，符合手续吗？”说完，哈哈大笑。

我急忙又向他解释我是昨天才知道，今天来探听情况的。

于是，他们一致指责胡荣文教干事和胡荣高中太自私了，所以叫我马上回胡荣去收拾东西，尽快到县城来。可以直接到文化馆来，或者先放多余东西到师范去后，再到文化馆报到。

第二天我悄悄收拾好行李，挑出来之后，才向王承宽说：“王主任，我报到去啦。”

他不好意思地说：“走吧，以后有时间回胡荣来走一走。”我头也不回地走到路边候车。

对他这种人我真不想再多看他一眼，多说一句话，犹如一只脏蝇在喉，心里总感到厌恶之极。

按照王英俊和王绍昆昨天的商定，我直接到县文化馆报到。到文化馆后才知道，岑高义也早就被借调到文化馆搞基建了（岑也是‘右派’）。当晚王英俊布置说：“老岑负责掌握文化馆的基建工作，当时县文化馆正筹建文化馆大楼。”

我的任务是负责刻写钢板，油印和写黑板报之类的工作。

不久，西德县举行一九七四年全县文艺会演大会，王馆长宣布我当这次会演大会的总务。

全县十一个公社，每个公社四五十人以及大会工作人员在内共五百多人开一个星期的大会和会演，每天饭（早、中、晚、宵夜）由我负责安排。

这个总务的工作任务是非常繁重的，我又是一个被管制的“右派分子”，稍有一点差错是不得了的。

接受这个任务时我也忐忑不安，但是又想到王馆长把这样重要的任务交给我，这是他对我的信任和重用。他有意抬高我的身份，我一定要把工作做好，绝不辜负他的期望。

每天四餐一定保证供应，按伙食标准不折不扣地按计划足额开支。

在这次会演期间,后勤人员部分思想不正派的人给我出歪点子。比如，应该有五十桌（每桌十人），他们就分成五十五桌，早点按人数五百人，他们就叫我买五十五份，这样多出来剩下了，他们就各人分拿回自己家中去，或者拉自己的亲属朋友来吃，第一天出现这种情况。

第二天我马上纠正，实际有多少人就分多少桌、多少份，他们无法占便宜了，便开始对我不满，企图说我的坏话。

我立即向馆长汇报，馆长马上召开后勤会议，同意我制订出的后勤工作计划和各种规矩,并当众说明:“谁不听从总务（指我）的指挥和安排，总务立即辞退他（她）们，不需要再请示领导了。”

那些人由于数次来县里召开各种会议，他们已经随便喝拿惯了，现在居然在我的手下吃不得，他们多么憎恨我是可想而知的了。

但由于馆长已讲清楚了，他们只好服从我。

过后不久，他们又做出另外一种行为，即每餐煮饭菜时，他们尽量锅边抓吃，吃饱了，正餐他们就不吃了，就企图拿他们那一桌饭菜带回自己家。

我及时和馆长商量后规定，后勤人员谁都不许带大会后勤处的任何东西回家，违者即辞退。

这样，连一些曾经拿肉、米丢到糟水桶里，然后挑糟水回家的行为也被制止了。

文化会演结束后，西德师范革委会主任王绍昆便到文化馆找王英俊说："给你借那么久得了吧，我师范工作很忙，教导干事没有，所以老梁得回我们师范去了。"

王英俊说："老梁是一匹好马……"

绍昆说："我听说是一匹好马，所以我才千方百计凑钱买来，谁知我未得用，都让你先借骑了……"

第二十五章　公报私仇真阴险　整我上纲又上线

到师范后王绍昆对我十分尊重和关心。

一开始就在师生面前宣布我负责学校的教导处刻印兼学校保管员，并说："老梁原来懂木工技术，所以除教导处的工作之外，还要兼修学校的课桌椅此类工种，减少学校的开支。"

本来他明明知道我到师范仍然是个未脱帽的"右派分子"，是要接受劳动改造和监督改造的，但他没有公开向师生讲出我的身份，这是对我的尊重和给我一点面子。

王绍昆主任对我好，在师范尽管工作量多和忙，我都积极去做，埋头苦干，任劳任怨，少休息。

我的主要工作任务是刻写和做教导处的一切工作；任学校保管员。

我在完成学校安排的工作基础上，看到学校饭堂人手少，才三位员工，忙不过来，就自觉到学校饭堂帮忙。

后来有一次饭堂采购员因病要住院两个月，王主任就安排我在忙完手上工作后，帮饭堂采购。

我对王主任的安排没有意见，既然他那么看重我，就不能让他失望。

每天一大早五点半起床，到饭堂去帮分早餐，六点半后就踩着自行车到农贸市场去采购中餐和晚餐的米、菜及猪肉。在采购过程中，我为了一把青菜、一钱的猪肉、一两米的价格而讨价还价，为学校节约不少钱。

拉回来后，交给饭堂的工作人员验收过秤，才回到我负责的工作岗位上。

就这样起早贪黑努力工作，王主任在师生大会上多次表扬我，要大家向我学习，学习我工作任劳任怨，不怕脏不怕累，不计较报酬，全心全意为学校师生服务。

更让我感动的是来到学校那么久，他在师生面前从不提起我的“右派”身份，还在继续接受劳动改造和接受劳动教育。

他这种行为更让我加倍努力工作，不然就对不起他的知遇之恩。

一九七五年春节回校后，王绍昆调到东关初中任党支书去了。

本来师范比东关初中高一级学校（属中专）。但师范只有两个班学生百来号人，教师才有十几位。而东关初中十二个班共六百多名学生、近百位教师职工，这样大的学校，这么多教职工和学生没有一个强有力的领导干部是不成的，这是教育局解释调王绍昆去的原因。

俗话说：“十个麻脸九个毒。”果然不假。

从小生就麻脸的李中敬原是东凌中心校校长，一九七五年调到西德师范接任王绍昆当师范革委会主任的。

他一到师范，知道我有一套木工技术，便指挥我做桌椅给他个人。知道我工作太忙，既做学校保管员兼抓学校基建，又负责教导处的排课和刻写工作，还兼学校的安电接线等电工和木工工作，整天忙得不亦乐乎，实在难抽出时间来给他做私人的这些家具，况且他还要让我拿公家的木料来作家具给他。

而公家的木板不但是我亲自买，又是我亲自保管的，他这样做不正是叫我偷我所买和保管的公家财物吗？

所以我不干，于是他便把我当作眼中钉和肉中刺，工作中处处故意为难我。

例如：一天晚上他的老婆（母红）从多儆来探亲，晚上睡觉时由于不自量，把自己睡的架床搞断了两条垫木而半夜喊我去修。我因为白天工作太累，而且已经睡着，被他从梦中喊醒，已经恼火了，特别半夜叫我去修他的床铺，真是欺人太甚。

我不肯去，推说明天再修，他说："明天才修今晚，让我睡哪？"

我说："你想睡哪关我什么事？反正每天八小时，今天我所做的工已经大大超过八小时了，不要认为我是'右派'就随便叫，没有我，你半夜三更又去指使谁来帮你做？"

他马上说："你在我手下，我叫你偏你就偏，我叫你圆你就圆。"

我又说："我这个人一贯是吃软不怕硬，正如拍皮球那样，你压力越大，反弹力越强，我是在骂声中成长的，随便你吧，要死要活，随你便吧。"

他见我这样，无可奈何，只好变软地说："怎么都好，你一定帮我修一下，不然真无法睡了。"

他软了，我也变软地说："我确实太累了，这样吧，招待室有的是空床，蚊帐、棉被全是新的，你就暂时到那里去睡一晚，明天我再去给你修吧。"

说着，我门也不开，只把招待室的锁匙从我门上的摇头窗丢出去给他，从此他对我恨之入骨。

有一天，罗绍仁局长房间的电灯出故障，叫我去修理。我扛大木梯到他房间，爬上木梯修电灯时，突然木梯一滑，我连人带梯滑倒下来，压到正在门槛上站立吃饭的罗局长大儿子罗启耀。启耀被压在木梯和我的下面，木梯不坏，我也无事。我忙把他扶起身，问他痛不痛？他不答话。此时，他的母亲卢桂康正好从屋内走出来看见，她便与我一起扶启耀去医院。

刚到医院门口，罗启耀便说："好了，无事啦。刚才初时脑子里嗡嗡作响，眼睛冒火星，周身麻木，现在好啦，无事啦。"

我坚持说："既然已来到医院，就让医生检查一下吧……"

后来医生检查结果，并没什么伤痕或伤在哪里，就回家了。

过了一个月左右，我在李中敬门口修理路灯时，卢桂康走过来说:“老梁，以后修电注意了，那天你把启耀压在梯子下面，吓了我一大跳，好得不出大问题，不然你怎么交代……”

说者无意，听者有心，李中敬在房里听到此话后，便出门口来问卢桂康：“什么时候，发生什么问题，你为何不给我知道？”

卢便一五一十将那天的情况告诉他。

他听完后便说:“你为什么不早告诉我们？他是什么人，你难道不懂？‘右派分子’就是我们的阶级敌人,这不是小事,是阴谋,要刨根问底才得。”

于是，他马上在办公室门口的黑板上写通知：“今天中午吃饭后各班红卫兵和班干集中到办公室，有急事商量。”

当天下午上自习节时，师范红卫兵头目师二班王荣党把全校老师和两个班的学生叫到师一班教室集中,布置批斗我的问题,然后他把我叫去。

当我一走进师一班教室时，王荣党便领喊：“打倒‘右派分子’梁高勋……”

他拉我到讲台，叫我跪下，然后又领喊：“坦白从宽，抗拒从严。”才对我说，“梁高勋，最近你又犯了什么罪？从实招来。”我刚要开口，师一班副班长王金娣（后来成了王荣党的妻子）又领喊：“坦白从宽，抗拒从严。隐瞒罪状，死路一条。”

我马上说：“我讲，我交代。”

自从李主任调来之后，我犯如下几条大罪：第一，李主任叫我偷学校的木料、木板来做小凳子、饭桌和衣柜给他，至今我只得做两个小靠椅给他，其余因工作太忙还不得做。他已经催了好几次了，我还不得做，而且他叫我偷公家的木板做，所以我很不愿意做……”

我未讲完，李中敬一巴掌打到我嘴上，鲜血马上从我嘴里流出。接着李的走狗王荣党也上来把我按倒,并踢了我一脚,大家又高喊:“打倒‘右派分子’梁高勋。”

然后有位王大可老师说：“让他再交代，还有什么内容？”

我接着说：“第二，前周李主任的老婆（母红）来，因为他俩睡觉时动作太猛，把架床搞断了两条垫木，睡不得，半夜三更来命令我去钻她的床底修，我不干。”

此时有一半学生突然大笑，但李中敬冲过来，踢了我几脚，所有哄笑的人才停止笑。

师二班干部卢军也冲过来摁倒我，拳脚交加，猛往我身上打。

接着，有些好奇的人提出：“先别打他，叫他再交代。”

我又继续坦白说:“第三,李主任初调来时借我十斤面条(本来只两斤，我故意扩大说十斤，因为他乱动手打我，我索性也以此来报复他)，他认为我是‘右派分子’可以随便压榨我，随便吃我而不肯还我，因为这是口粮问题，多次追问，要求他赔还，所以又得罪了他……”

李中敬又怒气冲冲地过来踢我，但此时好像有人同情我似的大喊说：“不要乱踢他，把他踢死了，难分清是非啊。”

接着，有人似乎替李中敬解围地说：“梁高勋，不许你讲其他问题，只要你说为什么拿木梯去压伤罗启耀，你的企图是什么？”

“那天我放好木梯爬上去要修电灯时，突然木梯滑倒，我连人带梯倒下来。那时启耀在门槛上站着吃饭而碰倒他，并不是我故意的。”

有人说：“你倒下来，你为何不伤？老实交代，不要推到客观上，要讲出你的企图和目的。”

我始终按实际情况说，他们便使出刑讯逼供的手段——将一条麻绳打个结，套在我的颈上，又派人用另一条草绳把我两手绑得紧紧的，企图不让血脉流通，欲置我于死地，又命令师二班学生卢军和王尚六两人拿绳结套好我的颈项后，他俩各拉一头，使我的颈被勒得紧紧的。我无法呼吸，此时全身冒汗、眼冒金星。他们才问我：“讲不讲？”

我为了活命，只好说："我讲，我讲。"

我又问他们："要我讲什么？"

王荣党马上拿纸和钢笔，到讲台上叫我起身写出来。我不懂写什么好，他便提示说："第一条于某月某日在罗局长家有意用木梯压死罗启耀；第二条杀死罗启耀后，第二步是杀死卢林康（局长的妻子）；第三条杀害卢桂康后，再杀罗绍仁局长。"

写完这三条后，在下面按上手印。

最后要我写上："因为卢桂康是师范干事，平时管我太严，让我活动不得，所以要杀她。罗启耀是她的儿子，当然要杀他。罗绍仁是局长，是我的敌人，所以我要杀他全家人……"

他们强迫我这样交代，并让我亲笔供认，又让我划上手印后，才停止勒我的颈和停止批斗。

散会后，王荣党命令我在我的房间里不能乱动。

后来我故意说我要去买米买菜，起初他不准，后来几位师范老师散会下来后，我特地向平时对我较好的黎仁和王大可、王若冰（敬西人）说："几位老师，我要向你们请假，我去街上买菜后马上回来，望你等下向红卫兵王荣党讲一声。"

王大可和王若冰都说："去吧，等下我们帮你说明。"

我离开师范后立即小跑到西德县人民法院去向值班人员反映刚才被西德师范红卫兵刑讯逼供的情况，并将两手被勒紧的痕迹给他们看，值班人要了我的笔录后，便向有关领导反映。

然后回来对我说："这个情况我们法院无法处理，你是文教系统的，应该去教育局或宣传部反映。"

于是，我又前往县委宣传部找隆振奚部长反映。隆部长查看了我被勒伤的伤痕，并听了我被他们刑讯逼供而乱写出来的供词情况后，立即拿起电话叫教育局长立刻到宣传部来。由于教育局罗局长不在家，便派副局长曾凡耀（曾凡耀五七年整风时也曾被打成“右派分子”，在县委机关改造一段后，被派到乡下做中心工作，一九六二年脱帽后调到教育局工作，去年才被提拔为副局长）来。

隆部长对曾副局长说：“老曾你吃了晚饭后带梁高勋回师范去，你要对师范的领导干部讲，现在已是‘文革’后期了，要掌握政策嘛，要文斗不要武斗嘛，要实事求是嘛……”

离开隆部长后，曾副局长叫我自己先回去。他说他马上打电话给师范，不要他们乱斗我，今晚再去召集他们开会。

当天晚上，曾副局长到师范召集全体师生开会，会上他严厉批评今天下午对梁高勋采用刑讯逼供的手段是错误的、是违法的，并传达隆部长的指示，要烧掉今天刑讯逼供的所有材料。

散会后曾副局长回县政府。我听见李中敬和几位班干部说：“曾凡耀原来也是‘右派分子’的，刚脱帽几年，他和梁高勋是‘一丘之貉’。”

“一丘之貉”我是明知其意思的。

第二天我故意去对曾副局长说：“昨晚你离开师范后，李主任又另留学生干部和红卫兵开会说：‘曾凡耀和梁高勋是一丘之貉，这是什么意思？’”

曾副局长再次到师范找李中敬谈话。

不料，第三天早上在师范广告栏上出现了西德师范红卫兵贴出这样的一张大字报《坚决揪出“右派”脱帽分子曾凡耀利用职权包庇其同伙“右派分子”梁高勋的滔天罪行》。这张大字报的出现，整个师范轰动了，到处人们都在交头接耳、议论纷纷，不知他们在谈论些什么。

中午吃饭后这张大字报不知到哪里去了。两天后听说李中敬写了检讨书，被教育局批评了。据说，他不服，又和罗绍仁局长闹翻了。

无巧不成书，李中敬写检讨书的消息传遍西德师范、一中及教研室，人们正到处把他当成话柄议论不止的时候，一天早上广播体操结束后，高音喇叭突然播出敌台评论的消息，整个师范和教育局、教研室的大部分人都听得清清楚楚的。

因此，是谁公开收听敌台的追查马上开展，原来扩音器是放在我房间的，但李中敬上任后，便全部搬到他房间去了，刚才播出的敌台评论的事情是他儿子李永红所为的。

此时，我特地赶过去对李永红说："你闯祸了，如果查出是你收敌台的话，你就会被公安抓去坐牢，拿去劳改了，所以你不要说是你开的。有人问你，你就说你不知道就是了。"

同时，我马上叫他快去学校。

后来人们来问我时，我特地说："扩音器播出敌台时，我见李主任正在他房子里。"

有人又说："刚才李主任说，是他儿子李永红乱开乱弄而发生的。"

"不是，刚开始做早操时，李永红已经上学去了，怎么说是他儿子开呢？我明明看见他操作扩音器的。"

于是，这天下午李中敬就被公开收听敌台的罪名拉出来批斗了。

由此可见，还是应验那句古话："善有善报，恶有恶报。"

不久，李中敬就被撤销师范革委会主任的职务，调到多儆中心校当老师。

一九八六年他的老婆病死，儿子李永红跟人上云南做生意，被人在半路杀死，自己在多儆屯的老家也被自己亲手卖掉了（当年去师范后认为永远在县城而把老家全部卖掉）。

二十世纪八十年代中期，他本身也做停薪留职上云南跑生意，生意搞不成却捡得一只"破鞋"回来——所谓破鞋，就是那位女人作风不正，是多次离婚了的妓女型的女人。回到儆德不久，因无房屋住，不久便双双去西德县城租房子住，无家可归。

据说，现在这婆娘在西德和敬西专门以卖淫度日，李中敬这个老家伙是“老牛吃嫩草”，已经力不从心，便由老婆自己去卖这只破鞋了。

李中敬给自己的子女取名红、卫、兵，在其子女随着“文化大革命”的消失而消失了。李已变成老鼠过街、人人喊打，无处藏身。现在才企图向我讨好，这就是恶人应得到的“报应”。

在西德师范，我因为被李中敬和他的走狗王荣党（学生干部，师二班班长）迫害太甚，所以我做出两件违心事，作为对他们的报复。

第一件事：我做的木工（即门扇、窗框、窗扇之类）做多报少，让他人代我领钱。

自从李中敬上任后，师范增建两个教室，请胡荣念色建筑队来承建，他们做门扇、窗框、窗扇时，我特地自报由我自制一部分。

得到大家同意后，我白天黑夜地不顾休息，加班加点赶制，结果念色木工做得两个时我已经做得三个了，后来我总共做得门扇四个，窗框、窗扇共十个，我只说做得两块门扇和五个窗框架和窗扇，其余算作是念色木工同志做的，这样让他们代我领钱来给我。

这个做法原来是念色的建筑队同志出谋献计建议我这样做，他们说：“怕什么？如果他们知道，也并不是犯什么大罪，又不是偷，不会犯罪的。”

当时我在他们这样说之后，也坦然接受用我汗水劳动换来的钱。

第二件事：我到师范接管基建时原任师范会计唐莲英和出纳梁克峰都前后调走了，原来他们发放给念色定购两万块瓦片款以及发放给城关镇连城街定购片石（200立方米）和河沙（100立方米）基建时只追要得一部分货，大部分还追不得。自从李中敬上台后，特别那次李迫害我，置我于死地的那天晚上，城关连城街那两位青年特地偷偷到师范来看望我，并带一些药品和食物到我住处安慰我，对我遭到迫害的事深表同情和支持。在这样的年代和这样的情景之下，得到这样的同情和安慰，我非常感激他们。

于是，当李中敬故意把我推出西德师范时，我故意不把这些欠货人的欠货情况移交给他们。

我认为，从李中敬多次叫我偷学校的木板来做家具给他这个事例来看，我把这些欠货人情况交给他，不是全部被他私吞了吗?

也不敢向上级反映，我想我不讲出来，只有天知地知我知这几个群众知，让这些贫苦的群众多吃一点，总比让李中敬吃要好的，反正又不是我吃的。

所以就没有按规定办，没有坚持原则，虽然说这是我对李中敬的报复，但让学校受到损失，就现在来说，我这样做是不对的，就当时来说，我认为我这样做是应该的，这是我在西德师范时做的违心事。

第二十六章　下棋入迷忘掉女　接受改造教研室

我调到师范初期，由于领导对我很好，所以我便带女儿芝红（六岁）到师范随我住，本来到这个年龄应该早就让她进学校了。

但当时我是被管制劳动改造的“右派分子”，在县城各机关单位的人个个皆知我这个“黑底牌”，不但行动不得自由，工资也被取消了，每月只发给我二十元生活费，比普通工资最低的教职工要少一倍，只够维持自己的生活费，哪有能力送女儿进幼儿园？所以天天都让她眼巴巴地望着同单位的张娟娟高高兴兴背书包上学堂的情景。我既伤心，又难过，又很可怜她。

白天，活泼可爱的她只好随我到我的木工房看我刨木，或者休息，或者独自在房间里坐着，或自己独自玩耍。

好得食堂里的王连珠和陈三妹这两个炊事员非常喜爱小红，经常带她到食堂转转，有时还买糖果来给她。因此，平时我外出或出差，总把小红丢给她们帮忙照看。

当时，在教研室抓基建的罗家宗同志经常约我去下象棋，往往一下就下到半夜三更，甚至天亮。

那天晚饭后，小红正在和对面房张老师的女儿张娟娟玩得正欢，罗家宗不知到师范来做什么，正要回教研室去，便招手叫我去下棋。

这次对弈各人都忘掉了一切，全神贯注到棋盘上，一直打到深夜两点多钟，才返回房去。

开门一看，床铺空空的，此时才记得自己的女儿芝红。她现在在哪里呢？是的，昨晚我锁了门，才去下象棋，她怎么进房得呢？现在，现在是半夜三更到哪去找她呢？于是，我急忙去敲张老师的房门，张老师的爱人说：“芝红和娟娟玩不了久，我喊娟娟洗凉，芝红便回去了。”

我又回隔壁房敲炊事员王连珠的房，王连珠这个老实巴交的炊事员送出一句话：“不在这里，她去哪里不知道。”

我又跑到女炊事员陈三妹房间，见门上锁着一把铁锁，说明陈三妹并不在房间里睡。

我又回头问连珠：“是不是见陈三妹带芝红去哪里了？”

她又回答说：“不知道。”

还说：“怎么？你不懂拍门问她吗？”我说，“她的门明明锁着，我还拍什么门？”

她假装说：“陈三妹去哪里，我也不懂了，是不是她回家去睡了？”

我急忙摸黑跑到离师范约一公里远的中兴街去拍陈三妹家的门，她母亲对我说：“三妹不回家睡，也不懂她到什么地方去睡，她的朋友很多，不知到谁家去。”

我垂头丧气回到师范，又记起师范有几位女学生经常爱和芝红逗笑，是不是到那里去呢？我又去拍女生宿舍的门，又没有，真是急死我了。

又想到在县文艺队的姨妈，是不是她的姨妈陆玉好来师范不见我，则把芝红带去？想到这里我又三步并作两步，小跑到西德县人民大礼堂后面的工会，即县文艺队住在那里，拍姨妈的房门，又扑空了。

这下我可慌了，后悔莫及了，拖着疲惫的身躯，四肢无力、垂头丧气地挪步回到家。

此时已经是拂晓鸡鸣了，忽然一个噩梦涌上心头，在师范厕所旁边，经常发现狗从医院背后山脚下叼着被野狼挖出的死人、吃剩的肢体到厕所和师范内来。

不错，医院常把死人埋在这个山脚下，所以经常有人发现这里有野狼偷挖吃死人的尸体，是不是昨晚芝红到厕所解手被野狼叼去了？

我越想越害怕，好像此时野狼正啃吃她。想到这里，泪水像断了线的珍珠不停地滚到我的脸上。我迷迷糊糊、痴痴呆呆，好似一尊木头人似的。

直到起床钟敲响了，王连珠煮好早粥后下来喊三妹去厨房帮她分粥，我才梦醒，要去问三妹。此时芝红正从三妹房里冲出来说：“爸爸昨晚你去哪里了？三妹姐姐抱我到她房间睡……”

此时王连珠和陈三妹才正正经经地批评我说:“你呀你,你真是‘父火’（土话），打象棋连女儿也不要了。”

原来王连珠和陈三妹吃了饭后到街上逛好久，晚上九点多钟回校要睡觉，忽然发现小芝红躺在我房门的地上睡着了，又见我的房门锁着，她们到处找我开门找不到。于是，她们大骂“父火”（土话），就由三妹抱小芝红到她房间和她睡，并叫王连珠把她的房门锁上，并说：“让他无法找到小芝红，吓唬他一个晚上，以后他才注意照顾女儿。”

一九七五年下半年年底，李中敬把我推出师范大门。他建议教育局把我塞到当时正在搞基建的教研室去劳动改造，加强对我的管制。

可是当时刚从吞盘小学调到教研室抓基建的罗家宗老师是我早年就认识了的。他是一个老实、正直、不左不右的人物，正因为他这样的性格，才没有被打成“右派”。在“文革”中，他也没有被打倒，他立场中性，在派别之争中保持自己的立场。

据他自己说：“我之所以在任何一个运动中没有受到迫害，没有受到排除，是我的沉默，在任何公开的大会上，在集中学习中，我从不作任何的表态，也就没有漏洞给别人抓到把柄，他们也就奈何不了我，拿我没办法。那些红卫兵叫我去打扫厕所，我立马拿起扫把、提起水桶往厕所窜，不怕脏、不怕累、不怕臭，一点怨言都没有。红卫兵认为我老实，不会反抗，全都听从他们的安排，听他们的话，也就不会为难我，我就是这样一路走过来的。”

罗家宗这样说这样做自有他的道理，为人处世有他的一套，但他的这种明哲保身很不适合我的性格，只不过各有活法罢了。

我现在调到他的手下由他管制，我进行劳动改造（这是上级给他的指令），而他对我并不是管制和歧视，仍像以前我未划为“右派”前一样友好相处，布置工作任务后由我自己去做。他不检查、不监督、不管制，而是同我一起吃饭。白天他做他的事，我做我的工，晚上一起下象棋。

由于他对我这样好，我当然没有心去偷工减料，老老实实、认认真真去做他布置的工作，甚至有时是他自己喊：“老梁，休息一下再做，别太累了，工是永远做不完的，保重身体要紧。”

他这种领导干部态度和黄绍昆一样和蔼，体恤下属，很让我感动。

所以我做的事总凭良心去做，从不想给他在领导面前为难，总想做得好，才对得起他，没有一点偷懒的表现。

因此，工作完成很好、质量很高。例如，教研室干部职工所住的那两排房屋所有门扇、窗扇、门框、窗框全部是我亲手做成的，给教研室节约了这样一笔木工费用的开销。

领导查看了，也感到很满意，都说：“老梁的手艺不错，人老实又勤快，主要是能为教研室着想，为单位节约了不少钱呢。”

当然，也有个别人心里不服，如李中敬知道领导在教研室的建设中表扬了我，更是风凉话连连：“梁高勋不过是‘右派分子’，是劳动改造对象，不整治他修理他算好了，还给他什么表扬，这是阶级立场问题，是长‘右派分子’的威风，再这样下去他尾巴都翘到天上去了。”

对于他这种风凉话我听多了，也感到麻木了，只要领导说好就行。

年底教研室基建竣工之后，在那里无事可做了，又被调去六甲。

第二十七章　独守荒山请假难　不久调去补习班

第一次调进六甲是一九五三年九月十三日首次当上老师。调到六甲学区上章小学任教师，一九五四年至一九五七年在六甲岜深小学，一九五八年被划“右派”后，一九六二年调到龙桑中心校去劳改，接受老师的监督和管制，但学校领导惜才、爱才，并不给我劳改，而是安排我上课，并且让我当班主任。同时，从“右派”管教队调到全县各中心小学去的“右派”除我能上课之外，其他都是在校劳改、接受管制和监督，如胡荣高中唐启林，专门砍柴养猪；六甲中学的陆超是养猪和做木工；巴头初中的覃关是养猪、砍柴火、扫厕所……

就是说，我不管在哪里，我始终是一个“右派分子”，但所在的学校的待遇就很不相同。如上所述，在师范时，王绍昆好，李中敬坏；在龙桑不但给我上课，校长还为我在校举行结婚典礼、作证婚人。

但这次到六甲中学我又遭殃了。一九七六年元月我被调去六甲五七中学，当时五七中学校长是吕荣武。

他的性格毒辣，与李中敬毫无两样。他是龙串巴立屯人，原参军复员后在西德公安局当民警，“文革”中期调到多儆中学当革委会主任，并到扶平上门，后被调到六甲五七中学任革委会主任。

他是靠打手起家的，文化程度是半桶水，个性是毒辣和孤僻。

你看他在六甲中学任革委主任期间，他的房间从来没有哪一位老师或学生进过，他也从来没有到过任何老师的房间去。课余或放学后以及节假日从未见他和任何老师或学生聊天过，甚至要布置我的工作时，只有叫其他老师来布置或安排就是了。好像和我讲一句话，就会失去了他的阶级立场，就会失去乌纱帽似的。

一九七六年下学期他学多儆中学校办茶场经验，抽出六甲中学两个班叫革委副主任赵壁（原是小学老师）带队到远离六甲几十里路的定六乡去大办农场，我也被赶到那里去劳动。

两个班学生一百二十多人以及班主任聂子午、卢安法和科任老师王继益等四五位老师长期在那边，在野外边上课边劳动，即上午劳动下午上课，或上午上课下午劳动。

劳动时，抽出几十个师生专门建教室和房屋，其他人则开荒种地，搞得个个骨瘦如柴。

经过一个学期的努力，期末终于建成一排两个教室、两个宿舍及四开间教师宿舍。虽然是用泥舂成的泥墙，但上面盖的全部是茅草，所以建成的房屋属于半土半洋，下雨虽然到处有漏，总比初期在野外上课要好不知几多倍了。

一九七七年元月放寒假后，老师和学生如获大赦的犯人那样纷纷卷行李离开巴平这个所谓五七中学巴平分校农场基地。离开荒山野岭的苦难住所，回家与父母家人团聚去了。

我则被指定留校看守这个农场。农场四周荒无人烟。在这荒山野岭里，平时两个班学生、几位教职工一起住在这里，晚上大小便都不敢一个人自己上厕所。

如今放假了，我不但不能回家去过节，而且一个人独自在这里生活，怎么住得啊？越想越凄凉可怕，不讲在这荒凉的巴平分校，就是让我独自在六甲中学本部那里，虽然靠近六甲街，也感到无比的寂寞啊，更何况在这里。

我苦思冥想找个借口请假回家，于是将前几天家中刚寄来的信，将信中内容修改，说家中爱人病重，需要回去送她去医院治病。

修改后跑到定六屯找一位与我较好的学生帮我抄，然后塞进前几天从多儆寄给我的信封中去，并附写一张请假条，跑回六甲校本部去拿给吕荣武看。他看后考虑很久很久，才勉强在请假条上批语：准予请假三天。

只准三天假？我便向他哀求道："吕主任，我从定六巴平分校走到六甲已经去半天了，六甲走到西德又需一天左右，由西德到多儆又需走整整一天时间才到。实际上只走路三天刚刚到家，如果到家后，马上回头赶回来，也已经超假了，怎么去得？"

他便说："你去就去，不去就罢。"

我再三乞求他，他就是置之不理。

想来想去，我只得拿这张请假单去到公社办公室找文教干事岑杰同志。

岑杰一贯对我很好，他特别赏识我的书法和勤恳，所以十分同情我，便将这张请假单找当时六甲公社副主任陈中同志。

岑杰帮我在陈副主任面前求情说："来往都需六天时间了，人家还在家送爱人上医院，接着又将到春节，让人家在家过个节，最多开学前提前回校几天嘛……"

最后陈副主任批示准予请假十五天，即二月二十八日回校，结果我二月二十五日就回校了。

刚回到校，吕荣武马上瞪眼看我并说："谁叫你超假那么久？你胆大包天……"

我立刻拿出那张请假条交给他，并说："望你去找文教干事岑杰了解情况吧。"说完，便走开了。

当天知道我回来，岑杰特地到中学来找我，故意大声说："公社领导同意你明天回到校，你今天马上回来了，这样遵守纪律应该表扬。今后你应该经常这样，领导一定会了解你的。"

那个学期开学后，学校开展勤工俭学活动，买来碾米机和圆盘锯让我掌握对外碾米，天天接待群众加工大米，收入很大。同时，校本部又增建教室，我便留在校为学校锯木搞窗框，以及加工学校许多木料，也对外加工，光这些就为学校节省一笔木工开支，而且对外加工收入也很可观。

除开交给学校作为办公费用外，还拿部分发给教职工作为奖金费。于是，我得到全体教职员工的称赞，从此学校开始叫我搞教导处的工作。

一九七七年西德县开始成立高考补习班，学生从全县高中毕业生招收，教职员工从全县各中学借调水平高和工作能力强的人上来。我当时在六甲中学教导处工作，教导干事，能代教导主任编排总课程表，全县除东关初中的莫汝洋干事能做到之外，就是我能做到了。

所以高考补习班不知是谁当"伯乐"提议把我也借调到高考补习班来，在教导处工作——编排课程表、刻印资料等后勤工作。

上面我说从全县各中学里抽调水平高、能力强的人上来，其实，个别并不是靠水平能力爬得上来的。

例如，吕荣武在六甲中学，他在六甲中学不受欢迎了，上级已调经验丰富、有水平、能力强的原在鹅城四中任校长的杨家丰（胡荣陵岭屯人）到六甲中学任校长，吕在六甲已无位置，所以暂时让他到补习班，安排上政治课。

当时高考补习班的语文老师是韦忠国副局长，数学老师是黎仁（城关中学数学老师）和燕洞初中的一位叫黄姗的女老师。黄姗老师是大学本科毕业。英语老师是多儆中学副校长甘泉荣，化学老师是马隘初中来的王玉衡老师，其他还有胡荣初中教导主任李世邦老师、巴头校长章春晖、龙光副校长陈中华（后来任教育局副局长）。

干事方面，除我之外，后来又从多儆中学调来黎冠、燕洞初中的沈克邦、龙光初中的岑高义，这些人都是"右派分子"，但是写字都是一流的。另外还从都安初中调来李中健老师，他写的字也很好，是个大学生，学泰国语，补习班结束后调到西德县人民法院工作，一九八〇年任西德县人民法院院长。

补习班主要领导是王英烈局长，梁森、韦中国两位副局长分别担任语文和物理科课程。

在补习班里大多数资料都是靠我们这个后勤组刻印出来当教材的，所以我们刻印的任务很紧。在刻印过程中，这五人当中算我刻得最快，我平均每天刻五张蜡纸，其他刻最快者只有三张蜡纸（如李中健、岑高义）。我的屁股比较尖，经常离开工作岗位走动，所以常被王英烈批评。

后来我索性建议定任务，每人每天要完成刻多少张蜡纸，结果由我们这几个自己定。每人每天要完成刻三张蜡纸的任务。

于是，每天上午我就完成两张半了，下午最多花一个钟头就完成任务，便自由活动，后来我又被安排附带管电。补习班照明用电的拉线、安装灯泡全由我做，连开会布置会场（拉电、安装话筒等全是我做）。由于我工作出色，所以对"越自卫还击"期间，有一个特殊任务到敬西教育局去一个星期抄写资料，韦中国副局长带我前往。当时我二儿子梁卫元五岁跟我到补习班生活，我只好将卫元寄放在他的姨妈家——陆玉好家。

在补习班工作的时期，正是党对知识分子落实政策，以及平反和改正冤假错案的非常时期。虽然西德尚未执行，但大家对我们已经不再有歧视或管制的行为了。

第二十八章　摘掉帽子精神爽　调资失败我心伤

一九七八年九月高考补习班结束了，从各个中学借调来的都各自回原校去。

我一回到六甲，文教干事岑杰立刻到中学找到我说：“你的冤假错案平反改正书已经发到公社来了，你个人也收到了吧。”

收到西德县政府关于改正我的冤假错案，恢复原来职务和工资级别的通知（文件），我受害二十年的漫长苦难日子终于到头了。我激动得热泪盈眶，二十年的低工资和苦难终于结束了。

校长跟我讲：“我们想要你回到六甲中学任教导干事，如果你同意明天我正好去县开会，马上给你办调令来。”

他又说：“当中学教导处干事并不是谁都可以当的，必须有一定的水平和能力，字也写得很好才得，我知道全县除开东关初中的莫汝洋干事之外，就是你能代教导主任排总课程表，其他的都是教导主任自己排课程的。其实，全县大部分中学的干事都是小学校长提拔上来，所以我非常需要你回到六甲中学来。”

我开玩笑说：“我不是来六甲好久了吗？现在也不是从补习班又回来了嘛？”

“不同了，以前来是另一种身份，现在又是另一种身份。现在正式调令下来之前，你完全有权利选择要求想去的地方了……”

最后我答应他愿意留在六甲中学当教导干事。

几天之后，岑干事从县开会回来，特地到学校，在全体师生面前宣读县教育局对我的调令：“通知书，聘任梁高勋同志为六甲中学生教导干事……”

并在会上说明我以前被划错为“右派分子”，属于冤假错案，现西德县人民政府给予平反改正，今后梁高勋同志的一切工作生活待遇与所有老师一律平等，任何人都不能歧视。

从此我在六甲中学工作更加努力，除开为教导主任排课程表之外，平时学生学历、档案、开转学、办毕业证书，以及各阶段的考试安排、教师请假、找代课上课安排，还有刻印考试试题、公布学生成绩，帮校长、主任写工作计划和学期工作总结，等等。

总之，许多工作实际上是校长和主任所做的，我都能替他们做了。

因此得到新校长杨家丰和教导主任王英明的器重，特别文教干事岑杰要我帮写的材料或协助文教干事工作等，我更加积极完成。

文教干事岑杰曾多次不断在中小学老师中表扬和称赞我，肯定我的工作成绩。

一九七九年那次部分工资调整，是历年来调资最混乱最坏的一次。

那次只是给少部分教职工提级，提级的方法和原则是由各人摆自己的成绩和功劳，然后经过大家来评比。

当时六甲中学共有三十多位教职工，只有十个提级指标（就是说只能有十人能够提级工资），但是由学校领导根据各人写的成绩和材料筛选出二十个作为第一榜供大家评比。有些教职工虽心里也想能得提级，但要他自己摆出自己的成绩和功劳，他根本不敢写出来，宁可不要，但是学校领导也根据实际情况，由学校领导摆出来供大家评比 。

我根本不敢写自己的成绩和功劳，但是学校领导干部也帮我提出来。

所以第一榜提名升级的二十人名单中我也有名了。第一榜二十人名单放榜后，让全体老师将二十个人互相对比，在评比中将成绩好的人留下来，大家把评不上的人删去五个。就是说经过评比后，要留下十五人再进行第二次评比。这样第二次放榜，十五人中，我又榜上有名。

第二次评比就比较激烈了，大家尽量大摆特摆自己的成绩和功劳，在会上你争我夺，互不相让，个个都想把自己的成绩和功劳写得好上加好，不惜花一切精力写成千上万的长篇大论，发言时滔滔不绝。

例如，陆毓全提出与我对比，他说："在胡荣高中时，我是化学教师上课、培养学生，毕业的学生到处有，而梁高勋在胡荣高中是养猪的，现在'右派'脱帽了，也只不过当干事。从这两点来看，我就比老梁强，现给他提，不给我提，合理吗？"

未等我发言，校长杨家丰已替我讲了，他说："工作不分贵贱高低，只要看他干工作是否积极主动，看他的工作效率高不高，工作成果（效果）好不好，如果按陆老师的意思，干事、炊事员工作比较下等了，他们就不能提级了吗？"

校长讲完后，让大家举手表决。大家一致通过让我提级，陆毓全落选了。

后来吕荣武又提出与我对比，他说："几天来大家评比给老梁很多成绩。比如说，全县调最好的干事去补习班，他是其中之一，去补习班我也去。我是上课，是上前线；他是后勤。要算功劳，大家都有，但看实质，上前线要比在后勤重要吧。还有大家说老梁开圆盘锯、开碾米机，开展勤工俭学为学校节省很多钱，碾米机收入也很多，可是提醒大家想想，圆盘锯和碾米机都是我想出来之后批准买回来的，试问，没有我主张开展勤工俭学活动，没有我批准去买圆盘锯和碾米机，老梁如何开展勤工俭学，开什么机器？"

他讲完后，陆毓全附和他说："我认为吕主任和老梁都去补习班，成绩都一样各记一分，勤工俭学也一样。吕主任出谋献计，有机器给您老梁才有工做，才有成绩。所以，论成绩、分数也应该各记一分，这是我的看法。”

吕荣武接着说：“就算去补习班各记一分，我那一分应该比他那一分重，勤工俭学也一样，没有我就没有他，就算各记一分，我那一分也应该比他那一分重。还有，我从来没犯过任何错误，他当了二十年的‘右派’，刚刚脱帽，所以这点我要比他强。”

听了他的话，我忍不住了，我说：“根据吕主任的逻辑，我想问一句，如果现在学生和老师大家打篮球，学生投中一个算二分，而老师投中一个应该算两分半或三分是吗？因为是老师应该评给多一点是吗？还有关于圆盘锯和碾米机，如果吕主任买回来而丢放在办公室里，它们自然会动吗？钱就纷纷从机器里钻出来吗？其他不讲，就说前段时间我去补习班不在的时候，这两台机器为什么不自己转动，为什没有钱流出来？另外吕主任说我是‘右派’刚脱帽，不知前段时间岑干事来宣读西德县政府给我的冤假错案平反改正书，吕主任是听不懂，还是耳朵有毛病？我是属于冤假错案的，并不是‘右派’脱帽的，吕主任这样讲是不通的。”

接着，岑干事再次当众替我说明，我是冤假错案现予以平反改正的。

由于吕荣武原来在全体老师的印象也不好，所以最后岑杰和杨校长交换意见后让全体老师举手表决，大家又一次举手同意我提级。

第二天，第三榜提级十个人的名单公布出来了，我又榜上有名了。

经过几个月的评比，第三榜公布之后，原六甲中学校长（现调胡荣公社当党委宣传委员）的王开谟特地从胡荣赶回六甲中学要和我对比成绩。

他首先摆出他是六甲中学的创始人，后五七中学合并到六甲中学来，他又在六甲中学当了几年校长。他说：“凭我的校长资格和在六甲这么久的校长生涯，我的成绩总比刚刚平反的小小教导干事要高的，不论从何说起，论在六甲中学的贡献我总要比老梁贡献多，况且现我还是胡荣公社的党委宣传委员……”

他摆出的官气和功绩,似乎无人可比得他的。但是按当时评比的规则,如果已经公布在榜上有名了的人，被人提出对比时，先由提出对比的人摆自己的功劳 ，然后再由被对比的人答辩。所以他讲完后，大家便要我答辩。

我其他不必多讲，全校老师都有目共睹的，现我只说一点 :“王校长，你不是冒领国家粮食数千斤，被粮所发现了，你才被调去胡荣吗？就凭这条错误，你就不应该提级工资了。”

我讲完后，岑干事和杨家丰校长又交换意见后就让大家表决，全部举手通过，给我提级了。

此时，有一位老师问我 :“喂，老梁，这件事你从哪里知道，我不懂得呢？”

我却说 :“他冒领已退学学生（不读的学生）口粮指标数千斤，不单他吃，我们学校共有八位老师也得吃。”

接着，我把这八位得分吃这些粮食的老师都讲出来，这一讲就得罪了这八位老师。

所以当散会出来时，以王英珠为首煽动陆安法说 :“卢老师，明天你向评委会提出和梁高勋比。”

卢说 :“我已经比输陆毓全，陆毓全又比输梁高勋了，现我怎么去比他？”

王说:“我保证串连大家都举手给你，看他嘴巴硬多，居然揭发我们。”

就这样，第二天卢安法提出与我对比，结果以王英珠为首的那几位冒领国家粮食的人，以及原来和我对比不过的人加上被他们煽动拉拢过去的总共超半数多两人的票数，举手同意卢安法提级。我三榜过关了，则在这最后被这些人搞垮了，挤掉了，而失去了这级工资。

为了这级工资，我马上提出调离六甲中学，虽经岑杰和杨家丰校长再三挽留，我始终不肯，并且立即跑到县教育局闹调。主要意见是，离开六甲中学，不管到哪里我都愿意。于是，一九八〇年我真的离开六甲中学了。

第二十九章　领导关心回家乡　勤工教学美名扬

为了那级工资，我恼火地离开六甲中学，心想调到县城或其他任何中学当干事都成，料想不到教育局局长王英烈却喊我去说："多儆学区打来报告说马鞍完小需要一个领导，我考虑你离开老家几十年了，现在调你回去。第一，照顾你夫妻团圆一起生活；第二，你能照顾家里和照顾小孩；第三，又解决了马鞍完小缺领导干部的问题。你也年纪较大了，落叶归根嘛，照顾你回原籍的，怎么样？难道还想当牛郎织女吗？"

王局长的话使我不好推辞，他是出于照顾我的，我虽然心中不想回小学，但结果还是顺从他了。

马鞍完小就是在我老家的门口，全校共有一至五共五个年级，学生总数共一百一十八人、五位老师，他们是黄秀牙、黄秀辉、赵采秀、黄兰丕、黄明真，调我进去，就共有六位老师了。

当时完小领导统统叫教师组长，我就是这个完小的教师组长，除黄明真之外，其他老师全是中师和高中文化。当时的高中文化程度，其实相当于初中文化水平。

我一到职后，大家都把毕业班的功课推给我。我是一九五八年离开讲台后，上世纪六十年代在龙桑上几年讲台，"文革"之后又离开讲台至今了。重新拿课本毕竟有点生疏，但大家都执意把毕业班功课推给我，作为领导不能再推托了。

从此，我不但担任毕业班的班主任和上语文课，还要抓全校的一切工作，开始确实感到困难，但开学一个月之后，我便掌握并熟悉工作了。

在马鞍完小除开抓好毕业班工作之外，我还带领全校老师搞好勤工俭学活动，如用自己的钱（补发的工资八百元）买马鞍坡江集体所有（转让）碾米机一套三百元，原价一千多元，开展对外加工大米，收入可观；与多僦供销社代办代销店和收购茴油；与马鞍片各屯生产队长和群众联系，让各队自愿拨给一点八角树，由学校护理和收获；种几畦八角苗子；组织学生小秋收（捡茶油果和捡稻穗等勤工俭学）。

收入的钱除买瓦片来维修校舍之外，每个学期开支请电影队到校放电影给师生和周围群众观看多次，其次是给全校学生免收了一个学期的学杂费。这就是马鞍完小勤工俭学的成绩。

此外，由于当时我的工作量超重（既是学校领导，又兼毕业班班主任和毕业班语文科老师，还亲自开碾米机对外加工及负责供销店的进货和销售，因此，经全体老师讨论通过，并经学区领导同意，将勤工俭学收入的钱去聘马鞍屯梁桂峰作为代课老师，只上一年级数学，每天一节功课，其余让他专管碾米机对外加工和专管学校代销店的进货及购销工作。当时学校靠茴油收入和加工及供销店收入，除开支梁桂峰的工资去百分之四十左右，剩下百分之六十供学校办公、文娱及免收学生学杂费一个学期。

在马鞍完小我不但把勤工俭学搞得有声有色，名扬全多僦，甚至教育局，而且教学质量和学校纪律也曾出名。

所以多僦中心校校长曾率领全学区教师和学生代表到马鞍完小参观勤工俭学和听我的公开课，以及抽查学生作业，大家都赞扬我的成绩。

特别是一九八一年初考时，我担任的马鞍完小毕业班学生全部考上多僦初中，平均分数七十分以上，成为多僦地区历史以来由我创造了升学率百分之百的首创纪录。

同年，西德县教育局在多儆中学集中了多儆、扶平、多浪、堪脉等学区共二百多名小学老师进行文化和业务考核，语文考试只有两人考得九十分以上，就是多儆中心校教师王振忠得九十三分（后调德保司法局工作），我考得九十一分，其他都在八十九分以下。

由于我的上述成绩突出，多儆教育组曾在大会上表扬我，并在学区工作总结书上记载有马鞍完小和我的成绩在里面。我的成绩不但轰动多儆学区，也传到西德县教育局去。因此，多儆中学校长甘泉荣便建议县教育局把我调到多儆中学来。

一九八一年底，西德县教育局组织全县各公社会计和各中学派代表组成勤工俭学参观团到玉林、柳州、梧州和蒙山县去参观时，特通知我作为特殊身份跟去参观，在柳州我们还有幸参加观看世界体操冠军李宁回乡汇报演出。

参观回来后，便调我到多儆中学去。

教育局副局长李文彬有意让我到多儆中学搞勤工俭学，抓茶场和校办工厂。

到多儆中学后，校长甘泉荣非常器重和信任我，首先让我任教导干事兼学校保管员。

开学不久又宣布我任后勤组组长，然后报教育局提我为总务主任。

但教育局说，只有拥有十个班以上、教职员工六十人以上的学校才设有总务主任，由县任命。

现在只有城关中学和胡荣高中、二中设有总务主任，其他中学由学校自己指定后勤组长负责管后勤工作就是了，所以我只能由学校指定为后勤组长。

当年原任多儆中学茶场场长李宜松、会计罗俊杰、出纳员赵志琳居然挪用公款去贩卖光洋，丢下茶场不管，全场二百四十亩茶叶，只有几位场员留场护理就近的二号山头寥寥几亩茶叶，其他的全部丢荒，任由野草丛生。

于是，县教育局就派纪检股干部梁忠耀到多儆中学，由学校指定我配合梁忠耀一起到扶平茶场调查了解，结果发现不仅是挪用公款，还有贪污的行为。

我们便突击检查茶场账目，并深入到群众中去调查取证。他们三人利用假造和涂改单据等手段共贪污数千元之多。

最后他们三人被传到学校来，在大量事实和证据面前个个低头供认不讳。李宜松被撤销场长职务，调回小学任教；罗俊杰被撤销会计职务，降为普通场员；赵志琳被开除回家。

梁忠耀回教育局后几天，教育局有意将茶场转为教育局办，同时教育局拨周转金五千元给多儆中学作为勤工俭学资金，由局长覃尚地（接任王英烈局长）和副局长李文彬到多儆中学来宣布我任多儆中学茶场场长。

局长回去不久，又派来六甲中心校教师李奇作为副场长，并增派一批新场员上场，由教育局发给工资，他们是赵忠辉、严博彬、阮其祥、罗忠平、梁芝秀、梁稀文等。

我将周转金二千五百元拨到茶场购一批化肥和顾请一批固定零工到场割草、翻土、施肥，花了两个多月时间把二百四十亩茶地全部翻土追肥。

所以当年茶叶不但获得丰收而且使整个茶场起死回生，整个茶地绿油油一片。

与此同时，我将周转金的另一半即二千五百元用到校办工厂里，即购买一批柴油机配件来维修原有的三台柴油机，又购买一套圆盘锯和一个十千瓦的电动机。我原来有一定的圆盘锯和碾米机的操作技术和经验，购买这些机器回来之后，由我亲自操作对外加工，并从茶场调罗俊杰到校办工厂负责对外加工收款。顿时，加工木材和碾米非常兴隆，我的工作太多，忙不过来，经查访得知多烈的罗声铁有锯木和电焊加工技术，便招收他到校办工厂来。他又提出要马打屯的苏中益来,他也有这种技术。他俩来后，对外加工天天忙碌，有人来碾米又得我亲自操作。校长见我太忙，又提议将茶场有碾米技术的罗忠平调离茶场到校办工厂来。

那年放暑假后，由于罗忠平按老师的待遇放假回家度假。

放假后天天有人来碾米，就是我亲自操作，由周光珊负责收款，由于天天有人排队碾米，假期已过半个月了，我都无法回家一天。

突然有一天，甘校长匆匆走进校办工厂面对十几位排队碾米的群众说 :“各位父老，对不起了，因为老梁现在有急事需要处理，不能再为大家加工了，请拿到别的地方去碾吧，可能在暑假期间，碾米暂时停止对外加工了。”

甘校长突然间这样宣布，让我丈二和尚摸不着头脑，便问甘校长:“究竟发生什么事？”

他和气地说 :“你先不要慌，回房洗好身，我再说。”

我匆匆洗个脸后，便冲进校长房间问个究竟。他说 :“你现在马上回家。”

我说 :“为什么要我回家，我不去，碾米那么忙。”

他见我不肯回，便帮我锁上门，还问我需带什么回家没有，才说:“我想去你家一下，行吗？”

此时我怎么能说不去呢？于是便和他一起走，他一直和我走到多烈屯路口，才拿出一封信交给我看，信潦潦草草几个字写着 :“甘校长，梁高勋又犯什么罪了，‘右派’受管制时放假还得回家，现在放假这么久了，他不回家，为什么……”后面的署名是陆玉莲。

我看完信后，甘校长又说 :“放假这么久了，大家都回家度假了，你也应该回家度假，但你为了校办工厂，全心全意扑在工作上，我十分明白，大家都知道。但你不回家，家属有顾虑，这是自然，所以不论怎么忙，今天我一定要你回家休息休息。开学后再回校，同时你要向你家属说明情况，不然她以为你又犯什么错误，才不得回家啊。”

说到这里，甘校长说：“好了，我就送你到这里，以后有时间我一定到你家去一次……”

我感动得热泪盈眶，默默无言地离开甘校长，向回家的路走去。

古人言：“良禽择木而栖，贤臣择主而侍。”

由于校长对我如此器重和关怀，我确实忠心耿耿地为他为学校埋头工作。所以，开学前几天我便提前回校找木工来维修各班的教室和宿舍，把坏的课桌椅和床架全部修好，等待学生开学使用。并且在开学前第一天就首先向校长要教师的名单来安排好总课程表，第二天把课程表编排好，并把各班课程表印发到班上。

第三十章　多种经营成绩显　茶场失窃让我担

一九八二年冬天，茶场总收益四千多元，校办工厂的收入更为可观。除拨给学校出纳员林忠琅领去作学校办公费二千元之外，还能拿出一笔钱发给全校老师每人十元作为奖金，那时发十元等于现在一百元，当时月工资最高的人只有六十五元，校长甘泉荣只有五十一元，我也只有三十八元。由于我的工作成绩突出，后来在一九八三年初调资时，我又得提升两级工资，即由原来三十八元提到五十一元。

一九八三年上半年我又写报告经学校转教育局、工商局层层盖章审批，弄得一张营业执照，开办茶场商店。除利用茶场部分资金之外，又向银行贷款一千元充实茶场商店资金。

茶场商店设在扶平街上，指定茶场合同工罗声山负责经营。另外，又拿部分商品到茶场工地开设一个供销店，由场员杨常忠等人轮流经营，又分部分商品让王廷南拿到中立屯推销。所有供销店的进货销售，场里都有进货和销售登记账目，月终由我检查和结账，各店的收支账目清楚，纯利可观。

但是学校也有一些老师妒忌我，特别眼红我一次就提两级工资。如语文教师陈世仁在一次会议上公开发言说：“一方面，校办工厂每天的锯木和碾米声，以及群众来往锯木或碾米的嘈杂声影响学生上课和老师的休息。另一方面，我以为校办工厂也只有肥了个别人，并以此为功劳提升几级工资，辛苦上课的人倒是一级都不能提（因为这次调整工资时他不得提）。”

陈世仁刚发言完，甘校长知道陈世仁把矛头指向我，所以他立刻维护我说："校办工厂并不是肥个人，是肥了学校和肥了大家的。大家都十分清楚，校办工厂锯木、碾米收款人不是老梁，是派罗俊杰老师和周光珊老师收款的，都有三联单，开机人持一联，顾客一联，收款人一联，手续明白，账目清楚，没有人从中可以私捞，这是一方面；另一方面勤工俭学的收入拨给学校作为办公费二千元，是有查账组证明的，八月十五日买饼发给老师，期终发给每人十元作奖金，都是从勤工俭学收入里开支的，这并不是肥了个别人。况且校办工厂离开学生教室相当远，不会影响学生上课，只是影响靠近校办工厂的几位教职工宿舍这是真的，但这也不能为此而停止校办工厂。至于老梁提两级工资的问题，不光是在我们多儆中学的表现出色，前年他在马鞍完小做出的成绩基础上已具备提级条件了。他提的这两级工资不但我们学校大部分人通过，连教育组（即教委办的前身）和教育局都同意和批准的。”

甘校长发言后，无人再提什么了。

第二天甘校长在学生食堂里公开在许多教职工面前说："梁干事，你把你在星期天或节假日放弃休息而操作机器对外加工木材和碾米的天数报来给我一下，按照规定节假日上班应该得补助每天一块钱的。"

后来从周光珊老师的收入发票中查出，校办工厂开业以后至今，我在节假日锯木和碾米共三十六天之多，由甘校长签名批准从勤工俭学收入中拿出来三十六元补助给我，让我又多收入等于半个多月的工资，这样使陈世仁等人更加眼红。

期末放寒假时，学校已布置附近老师和炊事员留校，每晚两人（有补助给）。我不放心校工厂的机器，另外派罗俊杰（另有勤工俭学公款开支补助他）专门留厂，布置好之后，我便回马鞍度寒假去了。

谁知放寒假十几天后的一天晚上，罗俊杰擅自离开校办工厂。据他说是当天去外村喝喜酒，当晚赶不回学校睡。就在那晚校办工厂被偷去电焊机一套以及皮带和电表等，损失价值三百六十五元。

开学我回校得知此事后，立即报儆德派出所到校办工厂勘查，结果那晚偷盗是有锁匙开锁进去，偷了之后又把门锁回来（大家都这样分析）。于是，大家便追查是谁拿校办工厂的这把锁的锁匙？我说是我和罗俊杰各拿一把，大家又追查获知罗俊杰那晚确实到外村去喝喜酒并在那里过夜，说明罗俊杰没有作案的时间。当时大家在我的面前，虽然没有人敢说我有作案的可能，但陆朝辉和陈世仁却含沙射影地说："另一把锁匙是老梁拿的，是不是你的锁匙掉了，被偷盗者捡到了？所以，你拿锁匙，是有不可推卸的责任的……"

我反驳说："锁匙一直都在我裤带上，从没离开过，你们现在将拿锁匙的我作为怀疑对象，你们为什么不去追究留校人的责任。那晚是谁负责留校的？特别是罗俊杰，他不但是留校留厂看守，他也有一把锁匙，为什么不追究、不怀疑他？而且东西发现被盗，他为什么不马上去报案？他不应该值得怀疑吗？"

我的反驳使他们无言以对，就这样算了结此案。

谁知过了一年甘校长调离了，陆朝辉当上学校领导，到核查校办工厂的账目时，被他一口咬定由我负责赔被偷的公物百分之五十，而且当堂指使出纳员扣我的工资。

一九九五年教育局追回那五千元周转金时，把我于一九八五年移交茶场账目和校办工厂账目时，所有欠茶场和欠校办工厂的场员欠款数目统一列为由我负责追回，后追不回当年便下令要赵采秀分月扣去我工资一千七百多元。

把当年欠款人的欠条抽出来交给我，而且又强行说校办工厂被偷的公物当年要我负责赔百分之五十的一百七十五元尚未交，从而再次扣我的工资。为扣我工资的事，我与陆朝辉论理，甚至争吵，但他以领导身份强压着我，强词夺理地硬是要扣我工资。

我向教育局领导反映，上级领导找陆朝辉去谈话，让他查清事由，分清责任，不要动不动就扣人家的工资，不利于团结。

但他表面说同意查清再扣，回到学校还是照样从我工资扣掉，这是我在多儆中学被陆朝辉制造的又一起冤假错案。

再说校办工厂失窃之后不久，甘校长调到县教研室当主任去了，原来妒忌我的人尽量制造谣言，千方百计把我拉回校内，说什么茶场得不偿失，校办工厂只肥个别人，茶场商店不可靠等，流言蜚语很多。

于是，上任不久的吕金智（吕金智竞选校长的发言稿还是我写的）虽然不敢顶住这些闲言碎语，但也不敢得罪我，半推半就还让我继续任茶场场长一个学期。

第二个学期只好倾听他们的意见，把茶场交给扶平厂承包，每年承包金五千元。原来初次由扶平乡长陆声朝和我谈承包时，我跟他说："每年一万元，最少不低于八千元。"

后来陆声朝经过茶厂人员讨论同意，决定以每年交承包金七千元并向我反映。

我和他说："让我去和学校领导说后再决定。"

因为我的茶场场长取消了，从茶场下马了，我讲不中用了。

我回校把情况反映给吕金智校长后，结果去和扶平最后一次落实承包金时，偏听陆朝辉的意见不让我去参加，由吕金智和陆朝辉、黄如其等几位学校领导干部自己去。

在乡里开的一家饭店，被他们以一餐丰盛的酒肉接待后，不知为什么降下为每年承包金才五千元。如果让我去参与的话，起码按他们原来通过的七千元承包金是没问题的，唉，这就是陆朝辉的功劳了。

过了一段时间，在一位老师家喝喜酒时，黄如其和我同桌，他本来就不胜酒力，才喝了一小碗的土茅台，便在酒桌上胡言乱语。

他用力地拍我的肩膀说：“老梁，你、你知道为什么不给你和我们一起去和扶平谈承包金吗？那是陆、陆朝辉跟吕、吕金智说，怕你去、去不好办，因为你、你懂的事太、太多了，怕、怕你坚持原则，他、他们不好下台。吕、吕金智虽然身为校长，但是个胆小怕事的人，不、不想得罪陆、陆朝辉，也不想得罪扶平乡、乡长，想做、做个老好人，就、就不提给你一起、起去谈，就我、我们三人去，在、在酒桌上，安、安排三个妹子给、给我们，一、一番饭饱酒足、又爽、爽歪、歪之后，乡、乡长让服务员在收银台上拿、拿出三条红、红塔山香烟，临走时分、分给我们每人一条，乡、乡长另偷、偷把、把一个小、小红包塞、塞到吕金智的裤、裤袋里，这、这是我亲眼看、看见的，可、可我也、也不好说了当、当时，还、还想他怎么只给他不、不给我们？出、出饭店门口，乡、乡长又把另一个小、小红包塞、塞到陆朝辉的衣、衣袋里，而、而我却没、没得，你、你说这公平吗？三、三个人一起去，偏、偏只给他们俩，好像我、我只是去陪吃、吃而已。我现在就、就跟你说、说，你、你就不要再、再说出去了啊。”

黄如其说完，头一歪就扶台睡着了。

人家说酒后吐真言，原来承包费七千元不要，背后还有这么一招啊。

茶场下马了，我被调回学校后，陆朝辉立即收去我拿的学校保管室和校办工厂的锁匙，并拿去校办工厂和学校保管室的公物登记簿，也不叫我办埋移交手续，陆朝辉这样做有其目的的。

当时我已看透他企图不用移交，今后他可以从中拿校办工厂的锁匙和公物登记簿去后，就把校办工厂的公物大量变卖和让人借去。

学校公物中原有几十张新蚊帐、十几张新棉被和几匹布，现在一样都没有。

有人追问时，他居然说当年梁高勋不移交，不知学校有什么公物，又没有财产登记簿。

但陆朝辉万万没想到，当年不但设有登记簿，我的笔记本还另有登记表的。有一次学校拍卖部分旧公物，拍卖时，把拍卖的东西和结存的东西写在我的笔记里，后来才从这本笔记本重写成公物结存登记簿。

总之，陆朝辉不让我办移交使他吞掉学校大量公物，光校办工厂就被他吞三台柴油机、一台拖拉机、一台十千瓦的电动机……

这些情况我十几年来连续向教育局和县党委直至自治区反映但无济于事。我把陆朝辉的贪污问题告到教育局多次，结果教育局长隆益君贪污公款十几万元，副局长罗关环和财会股长王荣党各贪污公款十几万元不受处分，只作通报批评和撤销局长职务并退款了事。

我把小偷的偷盗行为控告给土匪去处理，他肯处理吗?

后来我又写举报信交给县委书记陈言勋也没见反应，原来陈言勋又贪污上千万，后来被判刑了。

最后一次我写举报信到上面，他们转到县纪委。纪委匆匆来查，查出陆贪污一万多元，才把陆调走，但只作党内警告处分，还调他到马隘初中去任校长。

调走时，他居然胆大妄为拿走学校许多公物，到马隘后他仍口出狂言说："告去告来，我还当我的校长，我的钱一分不少，现在已居县城搞了三层半高的楼房，还可建这么高的楼房两三幢，我看告我的人能奈我何？"

因此，我根据在校老师提供的新材料继续向有关纪检部门和媒体举报他的罪行。

最后他终于被撤销了校长职务，接受纪检部门的进一步审查。如果纪检部门不真正秉公执法的话，陆朝辉的狰狞面目和贪污罪行不会曝光。

第三十一章　茶场商店已停业　通过变更我来接

言归正传，我来说说多儆关于茶场商店的问题吧。

我从茶场下马后，茶场商店也随之停止营业了。我便拿那张营业执照回学校来，又在学校招待室继续开业，并改为多儆中学经销店。我亲自掌握这个经销店，因为他把我从茶场调回来后，只指定我在教导处搞刻印的工作，我天天坐着刻钢板和印刷，可以有时间兼营业，每月纯利润千元以上。

就在此时，陆朝辉提拔为副校长了，他下令停办校办经销店。

此时我感觉停办十分可惜，因为当时办那张营业执照，我跑上跑下总共盖了四五个公章才办得下来，所以当学校宣布停办后，我便到儆德工商所和吕常户交涉，是否可以“变更”为私人办得？

好得正此时，党的改革开放政策如沐春风。

所以吕常户便同意将原来多儆中学茶场商店的营业执照本变更为我的家属陆玉莲的名字，并由他将原证拿到县工商局换新本营业执照，即陆玉莲主营。于是，便拿出我的钱（平反冤假错案我得补发八百元，除垫支马鞍碾米机三百元之外，我还存在银行五百元现金）购买学校经销店的库存商品，名堂是陆玉莲主营，实际全是我自己营业。

因为我是专门刻印，仍照原来管校办经销店那样，边刻写、边营业，只不过经销店变成我个人了。

由于经销店在我的手中经营得不错，销量比以往更多，利润也成倍上升，从而招来陆朝辉的眼红。

他故意在教师中说："我们学校的某些人不务正业，上班时间干私活、谋私利，这是学校所不允许的。学校里不允许经商，不能影响老师和学生的正常生活。"

其实，他想自己给自己家里人来做，只不过找借口想把我挤走而已。

为了达到个人的私欲，他在学校公开跟老师和学生们说："学校里的经销店，质次价高，没有质量保证，如果一旦出问题谁来负责？为了大家的身体健康，希望大家买东西时要注意看，最好到外面的供销社商店去买。"

有一天中午，他打电话叫工商所来查我经销店，跟工商所的同志说我的经销店里卖有假货。

工商所的同志来后，对我经销的商品逐一仔细检查，又拿进货单来一一核对，并没有发现有假冒伪劣的商品和食品。

因此，他说得再多，做得再毒，老师和学生并没有因他这样说、这样做就改变态度不进我店来，照样像平时一样进出我店买东西。

由于边刻写、边营业，工作和营业两不误，一举两得。

陆朝辉最后拿我没办法，机关算尽，到头来每次经过店门口时总是低着头匆匆而过，好像怕我说他什么。

当时进货是向租住在何通明家搞批发的吕常户的店去买，后来渐渐利用星期天到西德县城进货。当时儆德街上的经销店只有几户，即莫权经营酒曲店、梁森经营百杂店、陆家奇小杂店和吕常户批发店。我们在学校这个店并不出名的，每月交税四块五，工商管理费每月只有二块七。

每学期放寒暑假我就亲自下邕宁进货。

去邕宁便是随西德汽车站班车司机梁光元和梁昭路去，跟他俩去不但车费不需买，运费不需出，而且连伙食费还是跟他们吃。

因为班车司机和沿途的饭店有约定，你拉客到哪家饭店就餐，这家饭店就照顾司机三至四份饭菜（不收钱），还给两包好烟。所以我在途中吃饭都跟到司机室白吃的。

还有在邕宁进站装货，一般车站工作人员不允许旅客随便拉货进站的，必须办托运。碰到这种情况梁光元或昭路总是主动出来，帮我拉货物进去装车，拿去放在车上好了之后，才带我进站或让我在车站路口等上车。

他们对我这样好，所以他们每次到多儆，我都搞好饭菜等他们。

但多数他们都是到五哥梁桂勋家吃，因这两司机都和我们认同宗族，都是祖宗在马隘论排辈字派还是相同的，如梁家在排辈字派接下面排列，即廷、林、方、春、瑞、勋、元、昭、国、史。所以梁光元喊我是叔，昭路喊我是公。

他们一到多儆，首先到五哥桂家找五叔，当他们在那里吃，我便拿酒或菜去那里一起吃。有时去县里就带一两只土鸡去给他们。

后来又结识王祖德司机，王祖德司机是开客车，是从县城到多儆走这条路线的。他为人热情，又豪爽。我去县城进货也经常搭他车，在县城要得货后用三轮车把货拉到路边与他约好的地方等。他车一到，立马停下来，跟我把货装上车顶，绑好后才下来开车走。我时不时买两包香烟塞进他衣服口袋。过年过节送他一些酒，他很开心，还说：“梁老师，您太客气了，举手之劳而已，不必那么破费的。“

但我有我做人的原则，人家对你好，你也要对人给予必要的回报。

有时我不得去，就把钱交给他帮进货，每次他都能帮我完成。我交给他的任务，而且从不少我一分，甚至让他送到家来，他都没一点意见。

还有当时开手扶拖拉机的金文志，每次他去西德都是到我店来问我要买什么。由他代买并运来给我，然后计运费给他，但交给他的钱经常被他挪用。他经常欠我一两千元是常有的事，最后他还欠我一千元。几年来共扣运费抵债，扣去扣来至今还有四五百元要不得，看来就这样不了了之了。

第三十二章　广开财源多开店　难免也被人欺骗

当时我办的这个经销店，每月的纯利润都是超千元以上，特别春节，一般年三十晚下午四五点钟我才得回去，吃了年饭便赶回来或者给小孩回来守店，腊月二十二、二十五、二十八平均每街天营业额三千元以上，实际上每千块纯利就是一百五十元以上，光这几天的纯利就不止一千元了。当时每月交税只是四块五，每月工商管理费只是二块二，其他就没什么税费了。

同时，我又和扶平初中黄干事合伙搞一个店，在儆德和何通明合伙收茴油，又在马鞍老家开一个代销店，给罗必冠、罗世棋拿货到加丈卖，以批发价供货给他们，卖后拿钱来又给杨早洲在和平电站开一个店，在学校这个店又兼做批发，许多农村小店都到我店要货，当时我的钱每次回家特别年三十晚回去，没时间数，匆匆把抽屉里的钱放进挂包，回到家丢在床上，第二天拿起挂包回到校，塞进抽屉。

后来陆玉莲曾经对烈勋弟说："他这个人钱丢不丢也不懂呢，我有几次每次拿一两百元出来，不见他查什么，他根本不知道。"

真的，那时不光自己这个店月收入一千多纯利，还有加丈、水库和扶平初中这几个代销点，还有街上李姆远街天拿到街上摆卖以及街天我自己也出街摆摊，真运气通财源各处滚滚来。

月收入不低于两千元，要不我那个楼房从哪里来？马鞍那个家也是我的钱去建的，还有芝红读高价卫校，卫元学汽车，国元学家电，全是自费和高价去读去学的，还有被黄仍硕和黄盛祖骗去五千元，何通明睁眼吞吃八百元，李中理、林庆普拖欠六百多块以及梁芝年欠三百六十五元，其他人赊销或借款不还五六千元……光梁保元就花掉几万元了。

也许是我这样的性格，对于别人的要求我总是带着能帮就帮一把的心态，也让一些人看到我的一些弱点，钻我的空子，才有了好心不得好报的事来。

一

一九八〇年我调到多徶学区马鞍完小任教师组长，既是该校的领导，又兼毕业班班主任和担任毕业班语文，还带领全校师生开办勤工俭学活动。经家长和队里同意从各生产队划出一些茴油林木让给学校管理和经营，给师生们护理，作勤工俭学收入。我还创办一个购销店，代收购本地的茴油和土特产去卖给多徶供销社，又从多徶供销社领日用杂货商品回学校作代销，还购买一套碾米机在校开展对外加工大米的经营。

除护理八角树由全校师生一起动手之外，学校的购销店和碾米都是由我一人亲手办的，特别是碾米，其他老师不懂操作机器，自然只等我动手。这样我的工作量超重了，大家建议换一个人专门管理购销店和碾米。

我经报学区领导同意由我自己找能够胜任购销店和操作碾米机的人来做，这个人的工资由我们自行解决，以及聘请或辞退由我自行处理。

于是，我见梁桂峰是多徶初中毕业，有一定的文化水平，同时他曾由大队派去学习开拖拉机，对柴油机和碾米机有一定的知识和技术，所以我决定要他到学校来做一名代课老师，让他只上一个班数学课，其他任务是专管购销店的购销业务和负责对外碾米。

全校老师一致同意我的意见，并决定由学校勤工俭学的收入支付他的工资。

但是这个梁桂峰在购销店里手脚不干净，弄小动作。

例如，在收购茴油后，每次拿去交售时，他都偷偷拿出一两斤，这样每街天都说损耗而从利润中扣去损耗费，后来我特地派人盯梢他。

那天，经我们老师过秤后，才让他拿去多儆供销社交售，他走后才派人悄悄跟踪。

他到供销社暖油锅处把油暖溶后，便熟练地将事先装在马驮筐底的两只空啤酒瓶拿上来，把溶了的油倒进空瓶中，倒满两瓶后又放回驮筐中，然后才拿大桶的油去给供销社过秤员过秤。

称后故意在收购员面前说："为什么街街都有损耗一两斤那么多，是不是我的那把秤太轻或是你的秤太重，人家以为我贪污啊！"他企图让收购员证明他收的茴油是损耗的。待办完学校的油之后，他才拿那两瓶刚才倒出来的油，对收购员说："这两瓶是我屯群众要我来帮他卖的。"

那次抓到把柄之后，我批评教育他，他死不承认。

后来我特地到供销社去对账，好得供销社收购都有三联单，即顾客、会计和收购员各执一联单据。经查对梁桂峰交售的学校所收购的茴油，每街都是报销损耗两三斤，而每街都有人托他代销，而供销的数量正和报损耗数量相等。

我又进一步要他说明，哪一次是谁托他代销的？待他说完之后，我又一个一个去对证核实，结果他所说帮他人代销的油其实没有一个承认是托他代卖过。

于是我特地邀请各生产队长在全校教师会上批评教育他，他仍不承认，待我喊证人当面作证后，他才哑口无言。

因此，我便辞退了他。他却不知好歹居然乱写告状信，说我乱推他出马鞍完小，竟说我是个地主子弟排斥贫下中农子弟，还写了许多琐碎的事情。

后来学区领导将那封告状信让会计许青梅同志转交给我。我拿他这封告状信回马鞍后，传给几位老师看，个个都说他不好。

大家建议召开家长会议，再当场读这封告状信，最后一次我特地请多儆电影队到学校放电影，并通知各屯家长、其他群众到学校开会讨论，并看电影。

在会上我把他如何贪污学校茴油的事实公开讲出来，然后把他控告我的信也在会上读出来。会上的师生和群众都议论纷纷，当堂指责他。此后多年他不和我讲话，近两年才恢复来往。

二

一九八二年去多儆中学之前，我召开马鞍完小全体老师会议，说明学校那套碾米机是用我的私人钱三百元（那是从我补发的工资八百元中拿出来）从马鞍生产队买来的，这个情况除新来的教师组长黄文体老师之外，其他的老师都知道。

现我要离开了，学校一切账目已全部经几位生产队长在场而移交给黄文体老师接收了。只有这套碾米机未搞清楚，至于我那三百元，待学校什么时候有收入了，再还也可以。

但大家都说无钱垫支，特别是黄文体还说：“我也无钱垫支，即使有钱垫支我从来不曾摸过机器，相信几位女老师也不会操作，加上我刚从学校出来不久，管自己的教学还来不及，怎么去管得了这些。”

最后一致通过由我自行处理就是了。

当时我考虑到这套机器是马鞍生产队原购一千五百多元，只以三百元削价卖给马鞍完小。

现在如果我卖给外地人，起码五百元都有人抢要的，但是这套机器不在，马鞍生产队的碾米就得往外村屯去碾，就对不起本屯群众，包括我家在内。

于是，我就想到堂侄梁秋元，此人少时就手脚不干净，经常在村内外做那些偷鸡摸狗的坏事，特别近几年居然经常到多儆、古寿、巴头这些圩镇去，逢圩日就去摸人家的钱包。据说，他先后被巴头和多儆派出所多次抓获拘留教育过，我亲眼看见就有两次了。

第一次在多儆供销社门市部。那天是多儆街圩日，在多儆供销社棉布柜台前一位农妇正聚精会神选看棉布，秋元却贴近她的身边，用那惯扒的贼手伸进她的裤袋里摸出她的钱包，得手后刚要往自己的口袋放，却被一位多八屯的民兵强有力的大手狠狠地抓住，并大声喊："捉贼啊。"

顿时，在场的人大乱起来，秋元竟趁机翻身逃脱，但走不了多远，又被其他人追上抓住，拳脚交加，打了一顿，才被扭送派出所……

他被抓去对我刺激并不大，刺激最大的是他被抓到派出所后，在街上、在供销社，到处听人们纷纷议论："这个扒手是马鞍屯人，是姓梁的。""马鞍屯扒手最多""扒手全是姓梁的""姓梁的接近就要小心……"

有一天我到多儆银行换零钱，又听有人说："注意马鞍姓梁接近可不得啊。"

说这句话正是多能屯的何通实，我恼火地发问他："我做什么？你讲什么？"

他说："我并不讲你什么，我讲前街你们马鞍姓梁偷钱的事，难道你们姓梁的偷了人家的钱，还不让人家讲吗？"

我觉得梁秋元真是丢了我们马鞍人和梁家人的脸了，我无话和人家对顶，只得含羞离开。

第二次是一天上午，马鞍小学学生正在进行上早读，突然有百六屯的一位学生刚来到，老师问他为什么迟到？

他说："我刚才来校途中，在梁秋元家发现一伙人正在抓秋元家的猪、鸡、鸭，见到秋元的老婆哭哭喊喊。”

听到这里，我开始以为大清早难道有匪徒打家劫舍？我便走出教室外面静听，果然仍听见鸡飞狗叫，人声嘈杂，此时早读正下课，学生们全部跑去看热闹。我一方面去喊学生回来准备上第一节课，另一方面我也想去看个究竟。

原来昨天是多傚街天，和平村登龙屯一位农妇去多傚街，又在多傚供销社的百货门市部里被秋元偷去钱包，也当场被人发现了，可他得手后马上离开。虽然有人发现并一起追他，仍被逃脱，然而他们虽追不得，但大家都知道你梁秋元作案的，同一个村，你跑哪里去。当晚那农妇回家后，叫全登龙屯人集中商量，有的说趁热当晚到马鞍屯秋元家清算他，但又有人说晚上去不成，人家反说我们连夜抢劫。

于是，大家决定第二天天亮之后，由和平村一位村干部带队到秋元家清算他。

由于秋元自知理亏，见他们来，便躲离他们，他们就抓猪、抓鸡、抓狗……他们这样做，又有干部带队来，自然马鞍屯无人敢出面讲什么了……这件事又给我们马鞍屯和梁家脸上抹黑。

回想秋元的上述表现给我们梁家丢尽脸面。所以我早有如何教育他改邪归正的念头，总找不出办法。

现在完小老师都说那套碾米机归我自行处理，所以我想把这套机器交给梁秋元去管理和经营，也给他一个改过自新的机会。

经和他商量后，他说他还不会操作，想买又没有那么多钱，最后决定与我合营，但是我又去多傚中学了不能在家，于是又提出来本屯的隆定件。

自从赶走梁桂峰后，隆定件曾到学校管理和操作这套碾米机一段时间了，结果又找隆定件来商量，终于定出如下的合同（合同写在一本教学笔记里）是我亲笔这样写的：

合伙经营碾米机合同书

一、马鞍完小的碾米机现卖给梁秋元、梁高勋、隆定件三人合伙购买，按马鞍完小原购买价三百元，三人每人出资一百元。现在梁秋元拿出二百元，其中代隆定件交一百元，以后由隆定件赔还梁秋元一百元，这套机器归这三人所有。

二、经营管理分工如下：

1. 由隆定件负责操作机器负责对外碾米。操作人不能自己收款。

2. 过秤和收款由梁秋元负责（即群众来碾米由梁秋元过秤和收款，然后交给隆定件碾，梁秋元不得自己碾米）并且要建立收支账目。

3. 由梁高勋家负责购买燃料和机器零件（因为梁高勋家搞代销店，经常出街进货，所以由我家包进货）。

三、分配原则：除本分利，三人平分利润。

四、利润率不能分光吃光，要留下一点，以扩大再生产。

五、管钱的人不能随便私用乱花，借支钱不能超出三分之一以上。

六、每年年终决算分红一次。

七、我们各家碾米不管多少，不收钱，但不能代自己的兄弟免费碾。

合伙人：梁秋元、梁高勋、隆定件（手印）

一九八二年六月五日

一九八二年终在我家核账，全年纯利润五百六十多元，拿出二百六十多元给梁秋元拿去西德农机厂给（父代）购买和加工一套圆盘锯回来，增加对外锯木，其余三百元，每人分得一百元过春节用。

从一九八三年开始，因我上茶场当场长而且又开办很多经销店，工作忙，没时间回来顾及这套合伙的碾米机了。

由秋元和定件自收自支，而且我家的人也忙自家的经销店，没人去参与他们的经营管理，况且平日碾米、锯木不用花钱，就以为是得赚了。一直到一九九〇年梁卫元初中毕业后临时无事干，我让他回马鞍参加碾米和锯木。

搞得两个月后，梁秋元突然对卫元说："你来参加碾米、锯木算作你来打工的，就这套机器你家原来一百元，我已经给你家了，这套机器你家早没有份了。

后来我特地回马鞍去找他到梁烈勋(队干)家谈，他也说："你那一百元我早给五婶了，你没有份了。"

我叫玉莲过来当面对证，玉莲说："你给我一百元钱确有其事，但那一百元是你借我的钱，六十元去买小猪和赊销商品四十多元，加起来一百元多一点。那天你说拿这一百块钱去放先。我是收你欠我债的钱，并不是收碾米机入伙的那一百块钱的。你欠我的钱，我账本里有记账的。"

但他硬是说，那一百元是退碾米机的钱。由于解决不下，最后我只好以民事诉状告到西德县人民法院去，并且要马鞍屯几位知情人证明这个碾米机的合伙情况。原来我将这套碾米机交给梁秋元合伙经营时，马鞍生产队队长王云南、梁珠元和生产队会计梁明廉都在场见我写合同，并同意盖章签字给我了，证明是三人合伙的。

谁知当法院将原告附本转交被告后，被告便利用他的姐姐梁玉馨是村干，又是山歌王和风流头，她结识镇政府和县公安局及法院不少人，并且到多儆信用社贷款一百元，买了六只大剢鸡、五十多斤大糯到公安局和法院贿赂了，又在马鞍屯特地杀了一头猪，宴请了马鞍屯的王云南、梁珠元、梁明廉，以及对我有意见的梁桂峰和许多不明真相的群众。

她煽动大家说："梁高勋已经把碾米机卖掉给梁秋元之后，他才调去多儆中学。现在见秋元搞得钱了，又来企图入伙、分利。”并且事先她就布置王云南这个贪吃鬼，酒足肉饱了之后，就带头在会上发言说："他调去多儆时已把碾米机卖给梁秋元了。”

梁珠元和梁明廉又接着说："卖掉好久了，现在见人家搞得钱了，又想来入伙分利，这和他的地主阶级分不开的。”

当晚最后一次要参加会议的人大部分签名盖章，证明碾米机是我调去多儆初中时已卖给梁秋元了。

这是梁玉馨指使梁秋元杀猪宴请这帮队干部拉拢群众作出假证的情况（这些情况是当时也参加活动的梁兰姑后来才悄悄告诉我的）。

此外，几天之后，人民法院指定审判此案的审判长王月凤带领两位审判员亲自到我们屯来深入调查。

但是这位审判长大人来调查首先深入到被告人的姐姐梁玉馨家调查。

然后在她家里喝酒、吃肉，饭饱了之后，才通知王云南、梁珠元、梁明廉、梁桂峰、梁兰姑等人到被告人梁秋元家里。

他在秋元特设的酒肉桌上，边吃边向这帮人了解情况。王月凤出示了我在诉状中所举的证明人王云南、梁珠元、梁明廉所出具给我的证明：

这套碾米机是梁高勋在马鞍完小时用自己私人钱垫支，向我们马鞍生产队支付三百元购买的，拿去作为马鞍小学勤工俭学用。因梁调到多儆后，其他老师无钱垫支，也无技术操作而由梁自行处理。结果梁高勋便和梁秋元与隆定件三人以每人一百元合伙经营。三人合伙时曾订有合同，写在一本教学笔记上。当晚写这本合同，以及他们分工管理情况，我们几人都在场，并不是他们邀请我们去作证，只是我们那时饭后去梁高勋家玩，正好见他们讨论和写合同盖章的全部过程。

证明人：王云南（盖章）梁珠元（手印）梁明廉（盖章）

拿着那张证明，她问："你们是怎么样写这张证明给梁高勋的？"

这几人被这样一问，都哑口无言了好久。梁玉馨说："看来他写什么内容，你根本不知道而乱盖章给他的吧？或者是他自己自写自按手印，或者是你们不在家他欺骗家里人乱拿你私章来盖，你们当时可能是这种情况的，现在讲出来不怕的。"

于是，王云南开始说："那天晚上他拿一张纸来说给我盖章，我就盖了，我并不懂他盖作什么用？"

接着，梁珠元说："我根本不得按手印给他，这是他自己写，自己盖的。"

梁明廉也说："我好像不得盖给他，如果那张有我的私章，也可能是他和我小孩要我的私章去乱盖的。"

就这样王月凤得到梁玉馨的贿赂之后就抓住这张反证，能够百分之百地报答梁玉馨的愿望，她就回法院去了。

到开庭那天上午，她首先大声质问我："原告梁高勋，你交了诉讼费没有？"我说："我原以为交百把几十元就够了，现要八百元我没那么多钱交。"

她说："没钱交诉讼费，你就不要乱告人，诉讼费不交够，就不能开庭。"

接着，有位陪审员说："刚才你说诉讼费收太多，这是根据你诉状标的的金额来收的，你不是说从一九八三年至现在（一九九〇年）总共八年时间，被告独吞八千多元利润吗？按百分之十收费就要收你八百元诉讼费的。如果你没那么多钱交，你就可以删去那八千元的诉讼请求，只以争执碾米机（价值三百元）来写，你的诉讼费就少了嘛。"

所以，我便删去原诉状，再重新写争执碾米机合伙的问题。

而原来的诉状长达六页之多，我的律师黄其如便说："你的诉状写太长不好的，拿来我去改写。"

于是，法庭休庭让我的律师重新写诉状，并交好诉讼费后再开庭。

结果黄律师把诉状缩写只有三页，他以每页三十元的代书费共收我九十元的代书费。

第二天开庭，审判长王月凤故意高声说："原告梁高勋，你前后共写两份诉状，究竟你以哪一份为准？"

我说："以第二份为准。"

"你要告人，诉状怎么随便更改？这是事实，还是乱告？"

接着，才让我讲理由。

我讲完了，就让梁秋元的诉讼代理人梁玉馨陈述她的答辩。她讲完后，审判长就宣布开始辩论，但当我提出辩论理由及证据时，审判长王月凤居然故意离开审判长的座位，走到门口和一位干部闲谈，故意不听我们的辩论。

我对律师说："她不听我们辩论，我们在这里讲给谁听，我们也走吧。"

但黄律师是刚从学校毕业出来，听他说前个月在扶平第二次出庭，这次是他第三次出庭还没经验，不敢给我退堂，也不敢向法院提意见。

待我们双方都停止讲话了，审判长也大摇大摆回座位，这种行为休庭后我曾分别将这些情况向西德县人民法院院长和地区中级人民法院反映过，但他们哪里听我的反映啊，我反映的问题石沉大海。

几天之后才下判决，判我败诉。

我不服，黄律师也说他有个同学分配在中院，他要将所有情况向地区那位同学先通气。

因为黄律师也曾到马鞍屯了解情况，也有人证如村公所党支书和马鞍屯正直群众证明梁秋元杀猪宴请马鞍屯队干的肮脏行为。

但是如上所说，黄律师出示上面的证据和为我辩护的理由，她审判长都故意走开，有什么用，但他认为将这些情况向这位同学反映，保证胜诉。

所以我们又向中院上诉，大约一个月左右，中院那位同学直接到西德来，黄律师特地叫我到县城，并叫我买酒和烧鸭到他的房间，和那位地区中院来的同学一起吃晚餐。

当晚那位中院同学十分有把握让我们胜诉，他说："明天上午经他和西德县法院院长吕厚前再交换一下意见，然后回去就下判决了。"

第二天中午，他垂头丧气地回来对我们说："不得了，院长吕厚前说，这个案没有复议的余地了，维持原判就是了。"

这里必要回头写我和吕厚前的情况。

吕厚前的父亲吕雄是我五姑的四子，和我是亲老表。吕厚前喊我表叔，一贯以来他们家与我家来往密切，同时吕厚前对我也十分尊敬。我每到县城，他一见我都停车止步，很有礼貌地叫我到他家吃饭。同时他也叫他的爱人尊敬我。我每次到他家，他们都非常热忱地招待我。

就说我和秋元打的这场官司，事前我曾去找过他。他听完我的反映之后，他说："表叔，这只不过一套碾米机三百块钱每人一百块钱，何必去和他们争那么多，打官司不是一件容易的事，要动脑筋还要花钱的，你现在已经退休了，不要再花这么多脑筋了，即使打赢官司，你最多也就得一百块钱。"

说完，他从口袋摸出一百块钱递给我，又说："这是算厚前给你的，不要再花精力去打官司了。"

我却把钱还给他，并从自己口袋中摸出一千多元（我那天刚拿钱去给自己的经销店进货）放在桌上。

对他说："厚前呀厚前，表叔我不是为这一百块钱来打的，我这不是钱吗？我只是为了一口气，为了气而打官司的。"

吕厚前也气得收回他那一百元，说："表叔不听厚前的话好打官司，不要怪厚前。厚前一定叫你输，看你服不服，听不听？"

就这样，我气呼呼地离开法院。

后来我输这官司肯定是厚前有意让我输的。输这场官司就是我一生的耻辱，至今一想到这件事我就气愤填膺。我也明知他是为我着想，或许更是我的固执，不达目的不罢休，让我平时吃了不少的亏，这件事就这样完了。

但是古人说："日久见人心。"

后来每次玉莲去碾米和锯木，交费给秋元时，秋元从来都不敢要，并对她说："五婆，我实在对不起你了。"

后来我的堂哥梁文勋逝世（就是梁秋元的伯父死时），我们都去灵柩守灵。

那天梁秋元不知为什么和他的姐姐梁玉馨发生口角。

秋元当众骂她说："你好？教唆我和五叔闹意见打官司，就是你出的诡计。为了这套碾米机，花这么大的精力去跟五叔上法庭，费了那么多的冤枉钱，肥了法院，亏了自己，值得吗？让我和五叔到现在不敢来往……"

至此，全部真相才大白。

三

杨常忠系那暖村那贯屯人，曾学开手扶拖拉机，有一点柴油机的知识和技术，但家里穷，曾在大队开过拖拉机，后来不知为何在家。

我上茶场任场长后，由于茶场需要一个拖拉机手来开拖拉机，不开拖拉机时就在茶场管理柴油机、加工茶叶。本来贴出广告后有很多人来应聘的，当时决定权抓在我手中，所以我决定录用他（首先要自己大队的人），后给教育局作代工要局里发工资。

但教育局不批准，说局里再不拨款了，如茶场有钱，可以自己出钱聘请。

经和茶场的会计赵忠辉和出纳员陆金用商量，都说茶场没有钱请了，后来我便将代销店交给他管理。从代销店的纯利润里开支他的工资，同时从茶场经费中拿出一笔钱来购买一百多只鸡让他喂养。因为茶场周围离群众远，而鸡放在茶园里又能吃野草和各种虫类，且长得很快；又让他养了一群鸭，有一个水库可以供养，条件很好。

头几个月光代销店的收入供他的工资后还有结余，谁知后来他竟然拿代销店的资金回家私贩李果，并且任意抓给他负责养的鸡、鸭回家杀吃。

一九八四年春节，当茶场干部反映他擅自拿茶场五只大鸡回家过年，我回家时路过他家门口而进去看时，家中空空如也，后看他爱人和孩子吃饭无菜，穿的衣服也破烂不堪。

我本来要勒令他拿这几只鸡送回茶场的，但看到这种情景，我对他说："你留这几只鸡和孩子过节，过年后马上回场工作，即使挪用一些钱过节了，回场工作后再逐步赔，认真在场工作很快能赔还欠款的。"

当时他千恩万谢我，春节后他也曾回茶场十几天，我也以为他回去会好好工作。

不料，他变本加厉，把茶场商店中的商品卖得所剩无几的时候，他居然携着代销店的公款并抓走茶场养的鸡拿去卖的卖、吃的吃、拿回家的拿回家，之后就一去不回头。

后来我曾经多次到他家，他就是躲躲闪闪，直到一九八四年夏天他又贩卖果子时，才被我抓住并带回茶场结账，结果将他拿去贩卖果子的钱都拿出来赔光了，只写下欠条一百六十三块六毛二，至此（一九八四年八月底）我便宣布辞退他回家。

可是他竟毫不知耻地大吵大闹，要我发工资至宣布他回家的那一天为止。

所以我当堂交给全场的干部工人一起当面讨论和摆理由。场员个个气愤地说："你挪用茶场代销店的钱，偷卖、偷杀、偷走茶场的鸡，已经是罪恶滔天了，我们不罚你的款已经是够照顾你了，你自去年腊月至今一天工也不出，有何理由要茶场发你的工资？”

茶场的记分员出示场员出工登记表，摆出来给他看，然后说：“杨常忠你看从元月至八月份你出一天工吗？还是我漏记了？”

他再无言以对。

后来他所欠的一百六十三块六毛二，经多次追问他都以茶场欠他八个月工资为由死赖不还。

一九八五年我从茶场下马时我把他的欠条交给学校。不料一九九五年陆朝辉却把那张欠条交回来给我，而扣我的工资去了。不但使我损失去这一百六十三块六毛二，而且杨常忠还到处扬言说我还欠他八个月的工资，说这是我地主阶级子弟向贫下中农反攻倒算的表现。

四

我和何通明的认识和交往是从一九八一年我还在马鞍完小时开始的，当时他开一台手扶拖拉机往返于西德县城和多儆，他专门为供销社拉货，人也相当热情。

我曾经听说过他的一些助人为乐的事。村有一位孕妇因难产，一大早家人把她抬到村路边,想送去县域县医院。但从坡腾抬到县城路途很远，光走路就要三个小时时间，家人抬着孕妇在路上轮换着不停地快走，个个汗流浃背、气喘吁吁。

正好何通明开着拖拉机从多儆往县城去要货，路过坡腾，看见前面有四个人抬着一个人在急赶着走。

他换挡快速地开到那四人旁边，主动问他们抬人去哪？当知道他们是抬着孕妇去县医院时，立马让他们抬上拖拉机上，二话没说，直往县城快速行驶。

由于拖拉机速度比人的脚快多了，只一个小时不到便把孕妇安全送达医院。医生马上检查后，立刻送到手术室进行剖腹手术。

事后医院医生对孕妇家属说："如果再晚来半个小时，母亲、小孩都难保。"

孕妇家属十分感激何通明，从家里提着两只大线鸡到多儆供销社去，当面感谢他。

他倒很谦虚地说："都是一个乡里人，有难帮一下是应该的，不必那么客气。"并把那两只线鸡让他们提回家给产妇加强营养。

有一次我去多儆中心校开会，第二天上午八点急赶回校上课。正着急时，他开手扶拖拉机去西德县城，见到我急急地走，老远叫喊："梁老师，赶着去哪？"

我说："我要赶回马鞍上课。"

"那你赶快坐上我的车，我送你一程，保证不耽误你上课时间。"

我二话没说，就跳上他的拖拉机。他换挡加大油门"隆隆隆"地往坡腾方向开去，送我到坡腾村路口，才让我下来。

我赶紧着向马鞍完小跑去，刚到学校，正好上课的钟声响了。

又一次，我中午放学后去多儆参加活动学习，刚到水库坝首，他正好从西德县城拉货回来，又叫我上他的拖拉机，把我送到多儆。

一九八二年我调去多儆中学后，原马鞍完小代销点学校不搞了，我便拿回家给我家里搞。

起初是来和供销社要货去代销，后来不是代销，是我们投资自己搞经销了。

那时何通明也开始做经销店，所以经常见他去县进货，或者从他的店作批发拿到我家零售。

这样一来二去我的经销店全部和他要货，有时交钱有时赊销，有时一起到县城进货，钱不够就向他借（都写借条，但当我赔钱时，他都说借条放箱里，我再撕去就得了），当时确实互相信任。

一九八三年他约我一起第一次下邕宁，他带我到他舅父隆定猛（坡腾屯人）家，他舅父是国民党被抓去当兵后转为解放军的，去抗美援朝回来后转业到邕宁娟纺厂当技工。他的老婆是邕宁市人。两口子生养一男儿名叫隆立军，当年十八岁高中毕业，与何是亲老表兄弟。

有一次他家对我们接待非常热情，我们回来时隆立军也跟回来，虽出生在邕宁，但老家还是坡腾屯的，所以跟回老家看一看，就是他来发现我们这里生意很好，特别是何通明的店（就是在他现在楼房那里，以前还是瓦房）整天忙卖不停。

举个例子，每天的零散钱（分、角）成箩放在楼上，没时间数。于是，隆立军便提议我们三人合伙从邕宁拉货来儆德批发，由我们两人有多少出多少，我拼凑有一千元，何通明的资金有四千元，就这样总共拿给隆立军五千元现金，由他从邕宁拉来一车货（总共开支一万元左右）。

隆立军靠他的关系从工厂和邕宁批发市场赊销来的货，其中包括十几箱香烟、毛巾、毛毯、棉布和百货，当时从邕宁运来的商品除运费之外，利润基本得一倍（就是说进货一万元，利润也起码一万元左右）。这批货销售一个月左右便卖得百分之七十了。

但是，何通明在生意那么好的情况下，并没有遵守信用按时回款给隆立军，又催隆立军继续从邕宁发货上来。

这样一来隆立军有些恼火了，打电话给我，让我说他表哥尽快把款打回，以便再进货。

我去找何通明，对他说："隆立军催你把卖得的货款回笼给他，这样他才能再去要货批发上来。隆立军说了，如果货款不回，他就没有钱再去进货。为了生意长久，你还是打些款给他吧。"

"我现在资金紧张，一时半会儿抽不出钱来，等过阵子松动点再打给他也不迟。他也不至于缺这万把块钱的，他是独生子，父母还是有一点储蓄的。"

“做生意还是要讲点诚信的，不然以后再要合作那就难了，哪怕是亲戚也是要讲诚信。如果你真的实在暂时有困难，不能马上给那么多，你也要明跟他说清楚啊。他打你电话，你又不接，你这样是不对的。现在你手上有多少就先付多少给他先，让他好去再联系要货。难道你只想就做这一回生意，而不考虑今后长久点吗？”

其实何通明手头上并没有像他说的那么紧张，几千块钱他还是容易拿得出来的。只是为什么他不愿意给，我也不知道他葫芦里卖的是什么药，非要这样跟他老表过不去。

隆立军出大头，在邕宁组织货源也不容易，人家相信他才给他赊销或延期支付货款，已经很难得的了，况且赚了钱大家都有利，何乐而不为呢？

我只好把这里的情况跟隆立军如实反映，并对他说：“我已经跟你老表讲了，但他总找借口说手头上紧。我也明跟你说，他这是假话，是他还不想给，我看你是不是让你老爸出面打个电话给他，也许他会听你老爸的话，把款打给你。”

隆立军的父亲亲自打电话给何通明，但何通明表面说：“好的，好的，下星期就打过去。”

两个星期过去了，还是无动于衷。

此时，党的改革开放政策正到处贯彻执行，长期以来茴油的收购只限外贸和供销部门两家独揽经营权，如今开放给一切可以经营的个体商户和农民自由销售。

趁此机会我便建议何通明经营茴油购销生意。

因为我知道，我们儆德是我们国家盛产茴油的产区之一。特别两年前我在马鞍完小时代多儆供销社收购茴油，每斤茴油他们还给我们 0.2 元的手续费，每街我们收一百斤左右，每街的手续费是十几元至二十元了，同时我又列举当时多儆茴油的购销价：群众卖给供销社是每斤九块五毛，供销社拿到西德外贸是每斤十块五毛了。

我把这些情况介绍给何通明后，他马上答应经营茴油生意。但是他从来未接触过茴油，不懂验收，万一碰假，成本那么高，可了不得啊。

于是他便愿意同我合伙经营，决定由我负责验收和过秤，由他付款（吸取供销社做法，由收购员验收过秤写三联单，然后卖油人持单到会计、出纳领款），闲日我可以偷时间去做得。

到街天，整天卖油人排队出售，我无法整天出去。

因为我还要上班，于是我一方面教他验油的方法，另一方面要我的四哥梁兴勋每逢街天早早到街上来协助何通明收购茴油（我只有中午课余时间出去协助），这样头一个月的纯利润就得三百多元了。

结账分红时，他竟提出这样的问题，说："梁老师，你的资金只有四百元，我的资金几千元，这些红利如何分呢？"故意给我出难题。

我说："原来不是说两人合伙吗？既然合伙，当然是红利平分，亏损共同承担呀。"

他又说："我几千元，你几百元，这样平分不妥当吧？"

我又说："如果是亏损，你能够说，你投资多就该承担多，我投资少就该承担少吗？"

因为原来没有这个协议，所以不平分是讲不过去的，于是他勉强同意平分。

就这样头一个月就分得利润一百五十多元了。当时我的工资每月只有五十一元五角，等于三个月的工资，这一百五十多元是除去运费和纳税了之后才分得的。

他把钱交给我之后，马上说："梁老师，以后各人自己收啦，免得分红闹意见。"

我知道他现在已经知道如何验油、如何过秤、如何出售了。

他是凭他资金想独霸市场，同时也是"过桥丢棍"，忘恩负义，我怎么讲不同意得呢。

于是，从此之后他和我分裂了，这是第一次分裂。

分开之后我并不罢休，街天我四哥来街时从和平一路来，全部拉我们和平那边卖油的人到学校卖给我们。加上我在中学这边中立、陇洞那边卖茴油的人路过学校门口，都被我抢先收购了。原来是他以为我只有几百块钱收不得多少，但我是和平人，和平来的人我全部赊销，谁急用钱我立刻付款，谁不急用，我说下一街保证付清。不但和平人我可以赊销得，连陇洞、中立群众居然也相信我，因为我在多慠中学，大多数人知道，同意给我欠款得。

就这样你何通明钱再多也没有比我收得多，特别是街日，他天天都得开手扶拖拉机去县城而无法在家收购。所以，收购的数量不如我。

于是，他便找我谈话，愿意和我合伙，但又提出按投资金额分成。

当时我的资金已经增加至二千元了，而他的资金也只不过是六七千元，比我多一点，按这样做以后他的利润将要比我多，这是他的诡计。

但是魔高一尺，道高一丈，你说你精，我比你更精。

按投资金比例分成后，我就让我四哥自己在家里收购。这样和平村有一半数茴油户都是到我家卖给我哥，每一街我哥都收得一百斤左右。每次到县城交油时，我另外带家里的油去，而同他合伙的部分，每次去交也最多是两百斤左右，每次按八千元总投资交油，扣除运费和应交税之后的纯利润，每次是八十元左右，所以他得六十多元，我得十九块五毛钱。

每次去交油之后免得结账浪费时间，我自己提出，按这样分利就是了。

原来他的资金并没有那么多，因为他的经销店也要进货。他这些钱是挪用隆立军从邕宁拿来批发的那些钱，虽然隆立军三番五次来电来信说厂家催结账了，他故意不拿去，最后隆立军只好亲自来到他家。

他仍然推托说货卖不得，最后两老表发生矛盾了，他才逼得交出四千元现金，尚欠两千元。隆立军不理三七二十一，把库存的香烟七八箱，以及部分毛毯和毛巾、袜子凑够欠他的数，叫我和他一起拿回邕宁。

拿到邕宁后他叫我在车站看货，他回家拿来两部单车，又叫他妈一起到车站来，由我和他把退去的货一箱箱、一件件运回他家。

这是我第一次在邕宁市人山人海的人流中骑单车，起初很害怕，但隆立军说：“都是顺着走的，不会相碰撞的。”

我才定了神，回到他家搬完货后，他的舅舅全家都骂何通明无良心、狠毒。

隆立军和他分手后，他的资金少了，每次现金开支四五千元了，其余都是赊销农户拿油去卖回来之后第二街天才给，照理利润应该平分才是，但分红时他仍按十九块五毛钱分给我，我说赊销部分按你的投资款就不对了，况且赊销还是由我出面的。

但是他依然如此，我也不计较了，但就是自觉理亏，他又再次提自己做自己的。

因为他也知道赊销去第二街天再付款这种手法了，于是我和他第二次分手。

第二次分手后，我和隆定产说上越坡县收购茴油每斤只九块钱（那时多微市价已经是十一块钱，拿去县果菜公司是十二块五毛到十二块八毛钱），当时隆定产和父小丽做一组；隆盛康和吕厚南做一组；我便参加隆定产这一组。

去到越坡县后，五个人全部合营了，原来是大家以为让我合伙是多余，他们就安排我在旅社看摊，由他们四个出去收。

在去收购茴油时，由于那些农民看我们几个穿着档次不一样，如隆定产他们四个穿着很朴素，甚至衣服裤子都打有补丁的，还是土布织成的，灰不溜秋，衣服前面的扣子十个都是土布缝成的布扣，裤脚宽宽的，裤裆很大，裤带是用一条布带绑的，给人的印象就是没有油水的料。

所以，他们每去问一家，人家都把价格叫上天去，加上语言是方言，因区域不同有所差别，语言不通，或者懂的也是半生半熟，他们收到的茴油可想而知了，一天收不到五十斤，并且价格都是每斤十块零五元。

回到旅社里，他们个个都垂头丧气，牢骚满腹，后悔莫及，认为听信我才是上当了，句句都含有责怪我之意，认为不应该来。

我在了解他们去收购的事情经过后，就对他们说："你们也先不要埋怨那么多，你们先在这里看摊休息，我出去看看。"

我那时穿的是干部四口袋的唐装，还是提卡布的，这也只有当老师或是干部才有资格穿的。在当地人来看是领工资有钱的人，并且还能讲他们当地的一口流利的土话，在跟他们打交道时，很是方便。

他们都相信我是他们的当地人，既然是当地人，那么讲的价格当然也就不一样了，他们一个个都按九块钱的价格卖给我，而且我还让他们帮着挑到旅社的摊点。

那天我一个人就收得了三百五十斤，他们问："你怎么一个人就收得那么多，还是九块收得先，是用什么办法？"

我当然不能说是会当地话，穿着也不一般等这些告诉他们，只能对他们说："那是因为我运气好，看我面相就是有钱人，会招财的人，所以他们就卖给我了。"

后来买得油，搭车时，他们几次去都上不得车。车站一定要办理托运手续，但办托运，运费太贵不合算。

他们又再发牢骚说："买得油又上不了车，运费那么贵，赚都要倒贴到运费里面去了。"

我说："让我去问看看，我熟悉不少司机。"

他们才给我去试试看。

果然不错，也是我的运气好，正碰上当年我在龙串所熟悉的一位老司机专跑鹅城至越坡的班车，我和他约定在半路等上他的车，结果那次几百斤茴油只请他一餐饭给他两包香烟就解决问题了。

后来索性固定等他哪天来才搭他的车走，这样节省了一笔不少的运费开支，大家至此才尊重了我，才知道我的分量。

话分两边说，在我去越坡的这段时间里，何通明则和西德土产公司一起去敬西外贸公司互相勾结，本来是西德土产去收购敬西外贸的油，属于公家之间的正常交易，但是西德土产的干部和敬西外贸的人都想化公为私而让何通明出面做，何个人收购，而且又偷税，结果事情败露被儆德税所追查补税。

何企图抗税，结果儆德税所上报县税局，县税局便派调查组深入到儆德调查，又喊何去交代并突击到他的店来搜查，发现他不但敬西这笔偷税上万元，同时，从他收购茴油的账目及交售给外贸及果菜公司的数量中查明，何数年来共偷税漏税达几万元之多，税局便勒令他停业交代。

被勒令停业交代期间，他动弹不得，便与我讨好，偷偷又与我合伙，告诉我四哥在马鞍收得油后拿来给他，他可以每斤比多儆市价多给二毛钱，所以便把在马鞍收得的油拿来交给他，这是第三次与他合作。

不久，儆德税所下达通知要他补交税八万元之多。

他便到学校找我，要我帮他写要求县税局复议的申请报告，同时又写儆德税所逼他交太重了。

我写了之后，他又拿去给王荣绍（当时是儆德镇政府司法员）修改，再拿来给我缮写。

总之，在他被税所查税那段时间，我和王荣绍曾三番五次帮他写几次报告材料以及写检讨书等，像是当他的专职秘书一样。

当时我抽烟很厉害的，但他从来不曾给我过一支香烟，也不曾得到他请去家里吃过一顿饭，我这样做这样说完全对得起我的良心。

最后一次税局降到三万多元，限期叫他交清。此时他到处筹钱交税。

一天他乞求我说："梁老师，现在他们逼我按期交清，如果交不上有可能被抓去坐牢房，所以求你伸出援手，有多少先帮我借出来解决，好让我度过这一劫难……”

说实话，我对他已经很反感，三番五次在生意上跟我过不去，当有利可图时，就排挤我想独吞，遇有困难时就装可怜来求我叫我帮，好可恶。

我这个人虽然对他来乞求本想不理，可又经不起他的一次次乞求，心就软了，便答应帮他一把。

当时我存在银行的存折共八百零五元，我马上到银行领出八百元整，只留那五元以保存折留下，八百块现金交借给他。

他拿到钱后，千恩万谢地匆匆地走了。

唉，救人一命，胜造十级浮屠，佛这么说的。

希望他能逃过此劫，重获新生，别受牢狱之灾。

此前的各种恩恩怨怨就让它从此随风飘落，一去不再复返。

但树欲静而风不止，何通明的所作所为注定他必须要经过炼狱般的考验，当然也是他后来的所为而注定了他后半生的波澜。

他借去几个月之后，我的经销店周转缺乏，特别是刚刚筹钱买地皮建房。

我便去问他要，我说："通明，我现在刚买地皮建房，手头很紧张，经销店周转不过来，你看能不能把前几个月借我的钱还我，好让我去进货。"

开始他还推说现在的确没钱还我，我也相信他目前可能真的很困难，就暂时不再去问了。

可后来我发现他仍偷偷在收购茴油，有一次正是多儆街日，我有事要回马鞍一趟，刚踩单车到街头，不远处就看见他正在和一个人因为油的价格而讨价还价。我踩单车经过他身边停了下来，问他："通明，你不是说很困难吗？不是说没钱还我吗？怎么又有钱来收购油呢？"

他没料想到，我会在这里碰到他，懵了一下，然后才说："梁老师，没办法哎，我不出来收油，我以后什么有饭吃啊，为了一日三餐不得已，我这钱也是去借别人得来的，我现在哪里还有钱还你啊，等我熬过这一关了再说吧。你现在就是杀了我，我也没有一分给你现在。你还是先忙你的事去吧，欠钱的事容以后再说。”

我说：“那你可以把你经销店里的商品按批发价赔还我也行吧？”

我知道他原来的经销店还存不少商品。

“那你去经销店看看吧，等我忙完后再说吧。”

过几天后，我便去问他要商品来抵，他忽然对我说：“梁老师，你和我合伙收购茴油在多儆街周围群众人人都懂得，现在我被税所罚税几万元，你不和我同等负担，你起码也要负担几千元才对。”

我说:“与你一起收茴油确有其事，至于欠税就不关我事了，你回忆看，有哪次分红利时不扣运费和扣税了才分？你已和我扣税去了，你不去税所交税，现在被罚款，关我什么事？”

“没有每次都扣税吧。”

他还想继续讲模棱两可的话，

我便说：“好，让事实说话吧。”

于是，我便到房里拿出当年和他合伙收购茴油的笔记本，笔记本里详细记录某某年某月某日收多少油，每斤多少，出售时售价多少，每次售油后收入多少，甚至是结账后是否立即付款，哪天结清，一笔笔在那里白纸黑字写得清清楚楚的，使他哑口无言。

但他过几天后又到我家来说：“关于欠税的问题你说已扣税了，我和你的关系这样说勉强讲得过去了，但你四哥从马鞍拿来给我的油不少啊，他也应该帮我交一点税吧？”

“你和我四哥要多少油我不懂，但就我的看法是不关他的，因为平时他也代收给外贸和供销社不少茴油的，从来外贸和供销社并不给他纳税过。同样，如果你收的茴油全部交给外贸或供销社，由他们统一纳税了才拿出去，你也并不犯法的。讲正确一点，如果你把你所收购的茴油都交税了再拿去，你也不犯法的呀。另一方面，你说我四哥也搞收购，也应该纳税的话，这也只能由他自己交税所，也不是必须交给你的，是吧？”

他没有理由驳倒我，才说：“这样，现在我还想不通，以后再算算吧。”

又过一段时间我再问他，他又推托。

后来我想到当年合伙从邕宁拿来的毛巾，他库存还很多，我便在一天知道他去县城不在家之机，去和他老婆要价值一百元的毛巾出来说帮她卖。

其实是有意拿这些毛巾来抵债，本来我想要够八百元的，但他老婆也精，说：“卖完这批了再过来要。”

结果约过一个月左右，她老婆到我店来发现毛巾将卖完了，她马上问：“梁老师，你从我店要来的毛巾卖得差不多完了，就结这批账先吧，一百块钱也不算多。”

我便说：“通明借我八百块应抵扣去一百元。”

但她说：“各人各算，他欠你的由他自己赔。现在你欠我的，你要赔我。”

两人争执不下，我索性与她一起到他们家去，正好通明也刚从外面回来。

我当面对通明说：“我欠母云（按生第一个小孩对父母的称呼）毛巾一百元钱，她逼我要钱，而你借我八百元，你不能一时拿出八百元也拿出几百块给我，我才得赔母云。”

于是，他当面说：“现就算扣去一百元，还欠你七百元，母云也不要再问梁老师要啦。”

就这样扣得了这一百元，他尚欠七百元。

后来不久他因偷税漏税数额大而且抗税不交被逮捕，最后被判刑到伦圩劳改场劳改。

其实，他的经销店里的商品够他卖了交税还绰绰有余，但就他老婆母云铁公鸡一个，一毛不想拔，宁愿让自己老公去坐牢也不舍得救一把，钱在她眼里比命还珍贵。

劳改回来后，他重搞收购土特产，生意十分红火。过了一年多后，我才问他这笔欠款，他总故意推托说他刚开始从头起。

起初是这样推，后来又说那句话："我还想不通，两人合伙搞收购却让我自己负责交税，真想不通啊。"我又只好拿那本笔记本摆在他面前，他才无话可说，但始终不肯赔钱。

他现在就是十足的无赖，赖着不给，赖着不还，还老拿那句话"我还想不通，两人合伙搞收购，却让我自己负责交税"来当不还的理由。

为此，我曾把上述情况写了数页寄到南洋医院给何日云即他们的大女儿那里，让她劝他的父亲不要做这种忘恩负义的缺德事，几百块钱你吃不得一世人，我也并不是为这几百块钱而揭不开锅的，但是想想我为你何通明做了不少好事啊。

他怎么能这样忘恩负义啊，虽然以前我在当老师的时候，他也帮我不少，但一码归一码，一样归一样，不能混淆的。

没有我他的生意并不那么得手的。

他的生意是通过我的指点才做得起来的，如收购茴油如何验、如何讲价、如何赊销等。

还有税所查税和第一次定税八万元。如果没有我和王荣绍的大力帮助，光他找代书花费的钱或酒肉不花上两千是不得的，但我花精力帮他，我连一支烟也没曾得抽啊。

况且因为我们协助他活动和申请复议，最后减免了一大半的税，他还不知道感恩，以为这种帮忙是理所当然。

再如他的妹妹何凤依在江中卫校作老师，不知道是因感情纠纷问题，还是别的原因，被人害死了。

他曾找我代写诉状和向县有关单位投了控告书。我也真心实意地帮他写，也花去了我不少的时间，但我都不计较，认为帮朋友这点忙也是应该的，谁没有需要别人帮的时候呢。

特别那天叫我陪他到江中卫校取回何凤依的行李和遗物时，饭后让我独自接收卫校保管员将凤依遗物一件件交给我验收和签字，再由我自己把这些遗物（包括架床、木箱、衣柜、办公桌、棉被、碗筷、锅头，等等）一件件扛上汽车，共装了一卡车，弄得我满身大汗，累得上气不接下气，而他则和卫校领导说长道短，没有说要过来帮一下忙，好像这是我的事，而与他无关。待我装好车了，司机开始启动了，他才优哉游哉地走过来上车。

这还不算，半夜车回到多儆之后，他说到家卸车怕母亲见到凤依的遗物后又要伤感大哭，所以要把全车的遗物卸在外面的楼房那里。我又得和他一起把东西一件一件地搬下车来，又一件一件地把东西搬到他二楼上去，累得我差点晕倒。

由于他楼房没有锅灶和炊具（平时吃饭都在村里的旧房）以及吃的东西。但离我家近，并且要什么有什么，就先到我家去拿。

后来除开炊具按时赔还给我之外，诸如猪肉、面条、啤酒、味精、油盐之类，分文钱都不给我，而他只从他家里拿出来一只公鸡了事，好像那天是我去办理我自己的事那样。

作为朋友，我是对得起他了，可他对此并不觉得是在欠我的人情，还在外面跟别人说："梁老师这个人，我叫他帮做什么，他从来没二话，我的事情就当是他的事情，尽心尽力去做，从来没有怨言，不愧是老师出身，很有涵养。鲁迅有过这么一句诗叫'俯首甘为孺子牛'，他就属于这种人，这种人好容易骗，也好容易使唤，你就是让他帮做事，没有一点劳动报酬给他，他也没意见。这种人你吃他到骨头里去完，他还不知道是怎么回事呢，笨死了这种人。"

别人把他说的话传给我听，我心里很不舒服，好心帮你，不但没有感谢，还当我是笨蛋一个，这可是我一生中所谓的交友不慎啊。

他释放回家后，一度收购药材、火麻、李果，生意十分红火，又开始兴旺起来。

我曾问他一次欠款的问题，他总说没有。

那时，我正好在忙中偷闲和陆家京一起合伙在多儆街上收购火麻，两个星期共收得一千多斤，因还不收够一车，一车起码要十吨左右，才雇得车拉去县城。

何通明因为有空，所以收的火麻比我们收得多，他一个月不到就收得了八吨多。

于是，我便想把我和陆家京合伙收购的火麻搭他拿到外地销售（拿到西德县城赚每斤五分钱，而拿到外县每斤赚两毛钱）。

起初，他满口答应说："得呀，搭千把斤问题不大，反正我要十吨大卡车运，我的货也不到十吨的。"

他这一说我便请农大富的三轮车从陆家京家运到他家来共计一千三百斤。

谁知第二天他运走他的火麻时，故意不装我们的火麻去，他走后才叫人来要我拉回去。

他卖货回来后，却对我说："因为陆家京和我有过结，所以我才故意不拉去。如果你不和他合伙，光是你的，我怎么不拉去？"

又过几天，他有半车山货要父小丽的货车装去刚合适，就去求父小丽装，不知父小丽为什么不肯装？

他便说："可能你是记恨我不帮拉你岳父的火麻去吧？如果是你岳父自己收，我怎么不帮他拿去，但我知道他和梁老师合伙，因为梁老师和我有矛盾，所以才不帮他拉去的。"

父小丽恼火地对他说："你别以为我不懂你为什么不帮拉火麻走的事，事情并不像你所说的那样，你在梁老师面前说一套，在背后又说一套，现在你又在我面前这样说，我会相信你这种鬼话吗？你这种人人前说人话，人后说鬼话，你想糊弄谁呀？鬼才相信你这种人，搞两面三刀、挑拨离间才是你这种人的惯用伎俩吧，你这样做有意思吗？你不觉得你这样做活得累吗？做人不是这样做的，这样做迟早会有报应的，你还是收敛点的好。”

“你算什么东西，由你来教训我？你有什么资格？论年龄我比你大，论辈分我比你高，论找钱我比你有能耐，论资产我比你多，要你来教训我，你还没有资格知道不？”

“是的，论这些你都比我厉害，但论做人也许我会比你好些，起码我不像你这样自私自利，只懂得叫别人为你效劳，以为是理所应该。你这样做你不觉得问心有愧吗？你今天也有求人的时候吧，本来我都不想和你说这些，只不过感到你这种人如果没有一个人说你，揭你的短处，你还以为你是天王老子第一呢。”

“老子就是这样的一个人，你不帮拉就算，还那么多婆婆妈妈干什么，你不拉我照样能找别人来拉，有钱就能使鬼推磨，知道不？”

俗话说：“嘴巴两片皮，讲什么是什么。”他的心多么狠毒无情，又如此无赖透顶啊。

话说他的女儿何日云到广东去是我和女儿梁芝红介绍的，没有我们就没有何日云的今天。

事情经过是这样的：一天傍晚何通明和母云从他的楼房回多能老家，顺路到我经销店买一斤贵州粉丝。当时我刚写信给芝红，他喊我称粉丝时，我说：“待会儿，等我再写几个字完了再称好吗？”

他说：“写什么？”

“写信给我女儿芝红。”

他们说：“哦，我们早就想让你写信给芝红，叫她帮联系介绍给日云也去广东，听说广东工资比我们这里高，况且我们在这里工资又少又不按时发，日云很想去广东，苦死没熟人介绍。你趁此多写两句叫芝红千方百计帮她一下。”

于是，我写完给芝红的信之后，只在末尾写上：“芝红，何通明叔叔想叫你帮他的女儿何日云到广东工作，找时间或机会给她介绍一下工作吧。她是桂林卫校毕业，现在西德县燕洞卫生院工作。”

这封信寄后二十天，突然从广东来一封挂号信给我，当邮递员亲自将挂号信送到我家时，我想不到，芝红从来不写挂号信，这封信为什么写挂号信呢？原来信只写这么几个字：“爸，你说何日云想来广东，现在我们的医院正招收一位女护士，我已和院长讲了，要介绍日云来，院长也同意了，望你通知她快来。”

看完信，我马上去到他家里通知他。

我对他说：“这封信从广东到这里来已经整整十天了，现在为了把问题讲清，不能写信去问了，马上去邮电局打电话给芝红。”

于是，他便和我一起到邮电局打电话。

可惜那时还没有程控电话，芝红家里也尚未安装电话，而医院的电话号码又不懂，只能从儆德打到西德——转南宁——转广东——转中山——转南洋，经过几个邮电局的电话机，不是这个讲话就是那个讲话，打了半天都打不通，一直打到傍晚六点钟才打到医院，结果又说她下班了无法通知，明天她上班后再打来。

后来我怕明天又打不通，我便提议：“发电报告诉芝红，说何日云决定去了，现在正办理调动手续，要芝红和医院讲清，一定留这个位置给她，不要让她去后落空。”

他就说：“好，就这样做，电报我未打过，请你帮我打一下，明天我和德盛到西德县城去，到西德后顺便让他开车到燕洞去接日云回来准备。”

第二天早晨，他便与德盛去西德和燕洞接日云，我则到儆德邮电局用我的钱打电报给芝红，电报特讲清：“如有变化须来电告知。”

直到傍晚，日云从燕洞回到家并兴高采烈到我家来与我攀谈。第三天何通明又下西德找卫生局、人事局和管人事的副县长。

据他说总共花去五六千块钱和许多酒肉才弄得到调动的各种手续，前后又花去两天时间。

当他们办完调动的各种手续之后，正是旧历二月二十八日，他们家里的人又说将要到三月初三了，过了三月三之后再去，又叫我打电话通知芝红说明三月初五才起程前往广东（又让我花一次电话费）。

好险呀，自从芝红收到我的那封信后，他和院长讲的那天开始至三月初七日，整整二十天时间了，三月初七那天下午上班时，院长突然对芝红说："你介绍的那个朋友至今二十天过去了还不来，现我们医院急用人，今早有个湖南省一个姑娘来应聘，我已经同意她明天来试工，等下你就打电话回去叫她不要来啦。"

芝红说下午下班后再打电话回家。

三月初七下午五点半，当芝红下班刚走出医院大门时，正碰到何通明带着日云进南洋医院。

芝红惊讶地说："哎呀，这么久才来，今天下午院长刚通知我打电话给你们不要来了，他说今早有一位湖南人来找，院长已决定要她了，怎么办？"

后来大家商量，马上进去和院长讲，并把调动的调函一起拿给院长看。

院长看完调函后，静静地看着芝红，想了好久才说："这样吧，既然你们已经来了，那就通知湖南那位姑娘明天不要给她来上班了，你明天就开始上班。"

这就是何日云来南洋医院的前因后果。

自从梁芝红转正后写一封信回家向我报喜，说："爸爸，我已经得到南洋医院通知，中山市卫生局批准录用我为国家正式职工了，在此感谢您把我送进卫校，又亲自送我到广东，我有今天离不开您的关怀和培养，这是一点，另外值得骄傲的是，从今以后，我再也不被何日云说是‘打工仔’了。”

原来何日云来后，生活都是和芝红一起的，她和她父亲一样，只知道吃用别人的，自己的钱比金刚石还硬这是一方面。

另外，当她知道芝红还是合同工，在这里合同工通称“打工仔”，而她已是正式职工了，便轻视芝红，还对别人讲，芝红是“打工仔”。

另一次是何日云结婚时，我正和她的父母以及她的两个弟弟一起从儆德来到南洋，她家来的人都全部住在芝红的家里，她举行结婚典礼那晚，芝红是与医院全体医生护士一起作为客人去参加婚宴了，我也准备了五十块钱等下喊去吃饭时，作为封包给她。谁知，她本人及她父母和兄弟去时，谁也不喊我一声。

本来她不喊，我少五十块钱不花，或者说，我花五十块钱在南洋这里怎么吃也吃不完的，但我并不怕花这五十块钱。

由此可见她对我是什么态度？就讲你不是我介绍来，人家说亲不亲，故乡人嘛……

一九九七年卫元和桂林没工作，回来住在芝红家一段时间。那时卫元需要钱，我特地送一万块钱来给卫元，因芝红坐月子，她妈妈也一起跟我来了。

正是那天，芝红搬房后，日云也跟着搬进芝红原住的房，卫元、桂林帮姐姐搬完后，第二天一整天又帮日云搬。

到晚上煮饭时，孩子她妈说：“今晚少卫元和桂林两人了，他一定在日云那边吃了，所以煮少两份饭。”

谁知搬完并帮她整理好后，到吃饭时间都不叫卫元、桂林他们一声，而是对他们俩说：“今天刚搬过来，还没来得及整理厨房、购买厨具，没办法煮饭做菜，你们先回你姐家吃吧。”

他们俩只好饿着肚皮回来，再让他妈补煮饭菜。

再说芝红在坐月子期间，何日云也很少走过来看看，偶尔过来也是空手过来，没有说要买点奶粉之类的送给小孩。倒是每次总是要在芝红家吃饭，因为回去一个人不想煮，当然蹭饭又可以节约钱，何乐而不为呢？

更让人气愤的是，看到小孩肤色黑就对芝红说："王政行肤色那么白，怎么不接得他父亲一点啊，倒有点像我住的隔壁谭义明啊。"

说者无意，听者有心，王政行在一旁听了很不舒服，过后对芝红说："她说的是不是真的啊，我看看好像也有点不对劲，是不是要去做亲子鉴定一下的好啊？"

"你放屁，给我滚到一边去，你不相信你就给我走人，像你这种人好吃懒作，整天游手好闲，还要来怀疑我，你配吗？还是老老实实出去找份工作，一起来养家糊口才是真的，别在这里给我丢人现眼。"

"别听了何日云的话，就说这种风凉话，她何日云是什么人？小气包一个。我们小孩从出生到现在一个月，买过什么给小孩？哪怕一包尿片都没见到。自从来广东后，自己也有工资，就不舍得花，吃喝都是到别人家来，你跟她现在也没啥两样，专门吃软饭的主，你不觉得脸红吗？"

芝红说得很在理，何日云就是这样的人。

别人帮她，她不会帮别人。专门吃别人的，不花自己的，还自以为是，取笑别人是"打工仔"，而她就专门跑到"打工仔"家蹭饭吃。

可见，人们常说："龙生龙，凤生凤，老鼠生儿打地洞。"何通明如何吝啬，女儿也同样吝啬。

一九九八年春末，卫元来电说他有位朋友叫他帮找一位司机，我便介绍王文志（父小丽）去。可那几天父小丽刚去敬西修车，让我苦苦等了三天之久。他回来后却说："去我是想去的，但是必须出卖我这部货车了才得，待卖这部旧车起码得半个月甚至一个月，那边能等我吗？"

我便将这情况复信给卫元，这样过了两天的第四天，我出街买早餐发现何德盛拿个旅行袋在他家门口，我问他："你要去哪里？"

他说："我去珠海，卫元来电叫我去。"

我说："你不是开陆家京的旅游车吗？怎么去得？"

"这个根本没得什么钱，不做啦。"

"如果我懂得你可以走得开，我应该早通知你才是。"

就这样他去珠海了。

德盛走后，陆家京的旅游车无人开车，家路便质问通明，说："你要让德盛离开你应该事先通知我一下嘛，让我找好人来开车或者把车转让给人家了，你再走嘛。"

何通明这个狼心狗肺的人居然对陆家京这样说："我根本不给他去的，是那只咩（羊，土话）煽动他去的……"

因此陆家京便迁怒于我，平时我几乎每天都要到家路家一次，好像少一天不见面就活不成似的。

的确我和陆家京的亲密是无法用文字表达得完的，他家比我有钱，生活比较宽裕，特别生意上他家营业比我好。所以，每次去进货时，批发站对进货多的人价格相对来说便宜好多。如花生米来讲，你要二三十斤，每斤是三元，你要装成大袋的或几大袋，每斤只是二块八钱；又如啤酒，只要三两件每件二十六元，你要十几二十件，每件只是二十四块五毛……

于是，每次进货他都把我的计划纳入他的计划里去，特别我每次缺货，甚至不得去进货而随便到他家拿来卖，他也按原进价给我，连运费也不扣过。还有我多次去县城进货，搭他的车，他从来不要我的运费，甚至车票也不收我过。

娶三媳妇订亲拿钱去的那天早上，玉莲有意刁难我，让我全街去借钱。

所有做经销的店铺我都问过，谁都说没有现金给我借，只有陆家京拿出他的存折交给我，叫我自己到银行去领（我共借他二千元）。

总之，陆家京对我的好处三天三夜都写不完，道不尽。

由于他对我十分好，我也尽量自己力所能及地帮助他。比如，去进货时，即使我自己进货少也和他一起跑，待他一起进完了，才一起休息。有时我去梽木西德或敬西，也对他说一声。他托买什么，也能完成给他，特别有多次我根本不需要去进货的，但他说他需要进很多货，但不得亲自去，而要我代他去进货，我也能够去完成给他。

特别农忙时他忙着指挥人种田或收割，让我跟车卖票收钱，我也曾帮他好多次。

这些如果不信任和关系不好,哪有这样的情况。我们这样的友好关系，竟然被何通明一句话挑拨，他不和我讲话两三年之久。

之后我曾在珠海写信给陆家作说明上述的始末，要求家作对他哥哥讲清楚道明白。直到今年（二〇〇一年六月）我回家去，出街时有意向他打招呼，买东西特地到他家买，他的态度才开始缓和下来。

如十月二日我在供销社买两张大红纸每张八毛，后来特地到他店又买三张，他才收我每张四毛。

我说:“你不必这样，照以前按批发价给我就行了，要不按零售价给。”

我丢钱给他，他仍不肯要，后来去要糯米酒，他也按批发价给我。

由此可见，他终于肯恢复与我和好了。

一九九六年，何义架和他的爱人罗三妹到珠海借卫元四百块钱。卫元来电给我去问他们要，他只给一百元，还欠三百元他们故意推托不给，后来我便讲给他的岳父（罗世页）听。

罗说：“他说他父亲交代，你们两公婆有一次搭他的车去广东还欠三百元车费未交，所以拿三妹欠的这三百元互相抵销啦。”

罗刚说完这些话，我发现何通明正出现在我的面前，我立即对他说：“父云，你怎么讲话不算数？原来你对我们两公婆说，你的车上广东线路，叫我搭你的车去广东探女儿，可以免收车费，那时我俩也有思想打算，我们不会白白坐你车的，我打算将这次车费扣去你当年欠我的那七百块钱。果然不出所料，去到半路你让司机黄世格来问我们要钱，我们故意说钱放深处，不方便掏出来，去到再算。车到后你又说你俩的车费是否回去再算，我随口说回去再算吧，结果我从广东回来后，你不是曾经到我家问过一次吗？我拿出当年你尚欠我的那七百元来结账时，你已同意扣去三百元后尚欠我四百元，为什么现在你又反悔呢？”

他却说出这样的违背良心的话：“我什么时候欠你七百块钱？你有什么证据？你有我的借条吗？如果我欠你七百块钱，数年来你为什么不问我要？有谁证明？如果讲借条，你倒有几张借我钱的借条在我手中。”

他讲到这里我才回忆到，我办马鞍代销店初期经常借他的钱或赊销商品，每次去我都是老老实实写借条给他，但往往赔（壮话“还”的意思）钱给他时，他总说：“借条还放在箱子里，以后我自己撕去就是了。”

那时很相信他，谁知那些借条他居然不撕去，现在竟以此来吓唬我。

你看何通明的心多么毒辣啊。

所以，当时我便说：“苍天有眼，看着你何通明明目张胆吞吃我这几百块钱，你总有一天要有报应的，你吃掉我这几百块钱我也死不了，也不会就此倾家荡产。”

天啊，你要睁大眼睛，要惩罚这种昧着良心的人吧。

果然不久，他收购毒蛇时被蛇咬手指，几乎死人，抬到卫生院去，卫生院正缺血清。在他奄奄一息之时，通过他的亲戚找到我老表，我老表在多儆街开个中药铺，专治那些疑难杂症的病，确实也挽救了不少人的生命，在当地算得有些名气。

老表略问是什么蛇咬之后，知道是吹风蛇，立马从药铺里拿出一把八角莲，直接放到药罐里注入一定的水煮沸。半个小时之后，拿着煎好的药水和他的亲戚走去卫生院，给他灌下去。大约一个时辰后，何通明苏醒了过来，睁开眼睛，慢慢也能说话了，终于逃脱了死神追杀。

接着旅游车在开往广东湛江的路上，因线路老化发生短路，引发火烧，整个车全部报废。

他收购的龙须草也因小孩在点炮中燃起火烧，三十吨的龙须草就在一夜之间灰飞烟灭。

做李果生意因不了解行情，收进来的时候贵，到卖出去的时候价格下跌而大亏本。

因向银行贷款到期还不起，房屋被法院查封。

至今欠下银行十几万元贷款，欠债累累了。

这就是苍天有眼，苍天对毒心人的惩罚，这就是他应得的报应。

五

梁芝年是我堂哥梁桂勋的次女，读书时就爱上自己的老师王振忠。

由于王已是有妇之夫，况且是三个孩子的父亲了，而自己还是个闺女，所以她父亲强烈反对，也曾嘱咐我帮助教育她，可她却一意孤行，有事没事总往王振忠的宿舍跑，晚上甚至在他宿舍过夜，王振忠也来者不拒，送上门的鲜花哪能轻易放过。学校领导也找他谈过，要他注意师生的影响。

但他却说不是他的错，是她自己找上门来的，叫她离开她总赖着不走，说一定要跟他在一起，否则她就自杀。

为了息事宁人，王振忠的老婆在王振忠的威逼下，不得已去民政局办理了离婚手续，成全了他们。

由于王已有几个子女，芝年和王婚后一直没有生育，后来捡了一个女孩来抚养。

自从陆朝辉上台后多次想揩学校的油水不得，便千方百计刁难我。

经常说我只顾自己的经销店，对学校的工作不负责任。

因此，我只好把经销店交给梁芝年承包，具体承包方案写在一本教学笔记本里，同时将库存商品和交给她的现金也清清楚楚地写在那本笔记里，当时大致的情况如下：

第一，承包方法是：我把经销店全部商品和活动资金共二千元（相当于现在的一万元）交给梁芝年负责经营，今后每月盘点一次，纯利润两人平分。

第二，梁芝年承包后，由她自己负责经营，街天或销售太忙时我可以帮助销售，去邕宁或西德进货我可以去帮助进货，但小孩不准插手。

第三，今后各家需用什么商品要登记清楚，全部以批发价扣钱。

经销店交给她承包之后，经常去邕宁进货，每次进货不低于五千元，都是跟梁光元或梁朝路去的，运费、车费从来不花过一分钱。当时从邕宁进来的货，大多数商品的利润很高，钱是一本一利，甚至是一本两三利之多。例如，成伦秋衣、球裤每件一元，回多儆卖每件三块五；每桶棕油二百八十五元，回来卖到五百元；小小料酒壶每只五分，回来卖到三毛钱，等等，都是高毛利。

梁芝年承包半年多时间里，总共去邕宁进货五次，光这五次就利润不低于五千元到七千元，加上其他的经营，纯利润不低于一万元左右。可是因为我在校工作太忙，不得按月盘点结账。

半年多后，我通知她准备结账一次时，她突然说不干了，并且突然离开，经再三追问她回来盘点移交时，全部商品加上一百五十多元的零散现金总共只剩一千六百三十多元，拿我原来交给她的库存商品和现金共二千元，现在她只交回一千六百三十多元，光成本她尚欠三百六十五元，利润我分文不得。

她更声称进来经营半年多时，一分钱也得不到，究竟钱到哪里去?

她的借口说："每天街日大忙时，你也卖我也卖，你拿钱去谁知道？"

就我的良心，我不但分文钱不乱拿过，就连我吃用的味精、盐、醋、烟酒等，每次拿都有一本笔记让她登记清楚才要的，而她家春节用的糖、烟酒等，平时日用品全部从经销店拿去用，就连她的继母（母套）所花的钱和日用品全部都从经销店拿去，但是不见她登记过，我已经交给她一本笔记本叫她登记，可她故意不登记；其次，每次她和我去邕宁或者她出差去进货不在时，都是由她喊她的姐姐和她的父亲来看店和销售的。

这方面她避而不谈，总是说："你也卖我也卖，谁知你拿多少钱？"

就这样，大约一万元的利润和三百六十五元多的成本全部扔到水里面去了。

六

现住多儆街上做米粉生意的这个李中理是我的堂姐梁草依的二女婿。

此人是梁家亲戚中品德最坏、最糊涂、最卑鄙的小人。

曾经因犯法被拿到伦圩劳动改造多年，是一个劳释兼骗子，不知我那位外孙女为什么偏偏爱上这号人。

他劳释回家后逢圩日做点卷粉生意，当他看到我家商店生意兴隆便垂涎三尺，每天晚饭后便和我那外孙女"阿生"携带女孩到我商店来五舅长五舅短奉承我，并使尽他骗子的技能，滔滔不绝地说："我家做的卷粉生意不错，每天都有人建议我家也开个经销店，摆卖一些糖烟酒之类的商品，免得食客又跑到其他的地方去买来。可惜我现在心有余而力不足，没有本钱来进货，所以宁愿无代价帮五舅代销一些糖烟酒之类商品。"

他那甜言蜜语讲得让我深信不疑，于是同意他拿部分糖烟酒到他家去代销，我付一定的手续费给他。

他从我家搬商品出去的头一天晚上，他家对面的陆家京和他的两个女儿姆小丽和姆燕尼曾异口同声说："梁老师，李中理是一个在儆德街上最有名的大骗子，有多少人被他骗得哭干了眼泪，你怎么轻信让他代销？"

我说："他是我的堂外孙女婿，难道敢和我翻脸？就准他敢翻我的脸，他也不会翻梁桂勋的脸吧，他真真正正是梁桂勋妹妹的女婿啊。"

她俩还和我打赌说："以后你不报上当，我就割掉我的鼻子，最多半年时间，你就马上见鬼了。”

这是陆家京三父女的预言。

头一个月，每个街日卖得的钱他们都当晚拿钱到我家来给我，并重新领商品出去，每次我都按利润百分之五作手续费付给他们。

开始他们假装说自愿帮我代销，怎么帮销一些商品也拿手续费呢，就假惺惺地说：“又不是帮别人，不是什么外人，是自己舅舅的。”

但是我还是给他们，我说：“人不贪利，何必早起。你不肯要，我也就不敢让你们拿去了。”

他们拿去卖掉一个多月之后，开始每街都尾欠一点钱，而领去的商品则一街比一街增多了。

两三个月后，又惭惭地不按时拿销售款来交了，而商品则街天都照领去。

起初则说街天忙到天黑没时间来交，后来又说商品还销不出去，结果我亲自到他家去观察，商品剩下无几的，是畅销的。

为什么他不交货款给我呢？我便以为，我将纯利百分之五给他可能他有意见。

所以，我便喊他们来共同商量，然后作出如下口头协议：今后拿去的商品不作利润分半了，就按我店批发给其他各村小店那样交钱拿货，作为批发给他们，而他是无本生意，先拿去卖后，交款也按批价给他。而按批发价的纯利润是三七开，我得二至三成，他得七至八成，这样做他得利更多了。

按批发价给他后，谁知他却得寸进尺，索性拿那些销售款自己到西德去进货，还扬言说：“自己去进货利润自己拿，何必去替别人发财。”

可他哪里知道你自己做的还要交税，交管理费，要办营业执照，要办税务登记证和卫生许可证，光办这些都需要几百元成本费，况且即使银行贷款给你，也还要还利息啊。现在把我的资金拿去私自进货，独吞利润了，他还讲这样的话，使我非常失望。

于是，我立刻清理他所支去的账目，共四个多月时间他就欠下我店五千多元的货款。

我天天登门叫他交钱，他只勉强交出一千元现金，尚欠四千多元。

他交那一千块钱时还讲许多不满的话，使我忍无可忍。于是，连夜逼他还钱或退回商品，至此，他故意抗拒不给。

我便向多儆村公所党支书李臣欧反映，要求他出面劝导李中理。

当时任多儆村治保主任的梁春元，虽是我的堂侄，他在场竟说："村公所不理这些，原来他借你的钱、要你的货，你为什么不经过我们，现在有问题才找我们，我们不理。"

春元说出此话后，我十分恼火，所以当堂说："春元，现在我并不是叫你帮忙，也不是要求你解决。我是向党支书反映，要党支书解决。如解决不了，我自然会向上级反映，现因为李中理是多儆村管辖的人，我须经村领导，以免说我越级。"

我这样说之后，春元才哑口无言。

当晚回到家后我才记得当年他娶媳妇（母锐，即孩子的母亲称谓）时，由于家贫如洗，所以作为他舅父的李守仁特给他一点钱，让他娶媳妇。我记得那晚街上其他的亲戚朋友每人都出五元、十元，只有李守仁给二十元最多了，我却给他三十元，是全场最多的。

后来吃完饭下来，桂勋哥还责备我说："你这样做，太出风头了，给五元、十元就不错了，给那么多才显自己有钱？你不看看你这样做，让其他兄弟很难为情……"

想到这些事，又想到刚才在李臣欧面前他说的那些话，应该喊他退还我那三十块钱才对。

当时臣欧接着说："春元这样说也不对，但是我们也不能保证催李中理一定要马上赔清欠款，我们只能劝导他，劝得不得我们不敢保证，但我们一定帮你劝他。

支书李臣欧第二天上午打电话通知李中理到村办公室来。支书对他说："中理，梁老师找到村部来，反映你跟他要货拖了好久都不给钱，有没有啊？大家乡里乡亲的，你们又是亲戚关系，就不能好好地坐下来谈吗？如果你欠货款不还就是你的不对，借债还钱，自古以来是天经地义，做人要诚实，做生意要讲信誉，这是最起码的道理，我想这个你不会不懂的吧？假如你们这样闹僵了，不但亲戚做不成，还留给外人笑话不是？"

"我现在没钱给他，要命有一条，他敢来要吗？今天看在你是支书的面子上我才来，但你要我把货款结给他，没门。谅他也不敢对我怎样？打架我也不怕，等以后我什么时候找得钱，生活过得去，我自会还他。叫他别催我，现在是新社会，不是旧社会，他敢欺负我，我就给他脸色看看，让他知道什么叫死猪不怕滚水烫的滋味。"

支书苦口婆心地劝他，劝了一个上午，他还是像鸭脖子那样死硬撑着，一点回心转意都没有，反过来还说支书多管闲事，吃饱饭没事干。

支书也尽心尽力了，劝说失败。支书对我说："梁老师，你和李中理的事情，我们找他来谈过了，实在说不通他，你看怎么办？你想要你的货款回来，我看只有一条路可行，那就是起诉到法院，让法院来判决，兴许还有希望得回来。"

我说："那好吧，感谢支书的努力，我想也只有走法律程序了。"

过了一段时间他始终不肯还款，最后一次逼得我找到儆德镇人民法庭王珠京反映，我强烈要求李中理一定要马上赔还我的货款，没有现金就退回商品。

在我强烈的要求和通过向韦明英书记反映，在韦书记过问之下，王珠京（是李中理的女婿）不得不到李中理家叫他退商品回来给我，但在退商品过程中，王珠京作为法庭人员居然做出不公平的处理，事实如下：

当初林中理从我家拿去的商品全部是以批发价计给他，而如今他退回来的商品却以零售来计算，现只举如下几例为证：刘三姐牌香烟一条批发价十八元，零售价二十元；毛巾一条二块二的批价，零售价三块；白糖一斤一块二的批价，零售价一块五；砂糖一斤批发价一块一，零售价一块三；火柴一包批发价六毛五，零售价一块。合计是批发价为二十三块一毛五，零售价二十六块八毛。我批给他共二十三块一毛五，计算给他，他退回来却以二十六块八毛计算给我。

他这样做我不同意接收，我跟王珠京说："我给他的是批发价格，他现在退回货却是按零售价退给，这是不合理的，换是你，你也不愿意吧？"

"你现在逼着他要钱，他没有钱给，你叫我怎么办？现在他有库存商品退还给你已经很不错的了，别得理不饶人，逼他太急了，你一分都要不到，你信不信？他现在有货退还给你，不管是多是少，你就先要回，以后等他找得钱了再还你，不是很好吗？"

我还是不同意这种接收法，就想着要回钱。

王珠京就说："你不同意收就算，我就不理了。"

王珠京还说："我们法院不处理的话你一点都要不回来，那你损失更大。"

王珠京拿法院来压我，要我一定接受这些不平等的条件。我想来想去，接受吧，那是一定亏大了；不接受吧，亏损更加大，最后真的如他所说的，一分钱都要不回来。

于是，我只好忍着勉强收下，但他退回的货也只退三千零几元，而且还是积压商品和他自己去进的部分假冒伪劣商品，仍被他故意拖欠一千多元。

唉，家里有人当朝，就是不一样。有些事本来在你看来是对的，理在你一边，但权利在别人手上，他想怎么捏、怎么玩、怎么转，都是由他说了算，黑可以说成白，白可以说成了黑，让你输你就输，让你赢你就赢。

尚欠的这部分他仍故意拖下去，又两个月过去了，最后我只好写诉状控告到西德县人民法院去，县法院又转回到儆德镇人民法庭，由王珠京作审判长开庭审判。

由于王珠京恼火我越级将诉状写去县法院，现在又转回来给他审判，所以想利用自己手中的这个“权”作不公平的判决。

首先在开庭时就指出：“原告梁高勋在诉状中声称被告李中理是劳释分子、是骗子这些语言和称呼是错误的，是侵犯了李中理的名誉权了。因为李中理已经改造成好人，他现在和其他公民一样是好人了。原告却说他是劳释分子，这是侵犯了他的名誉权。如果被告提出反诉，原告要赔偿其名誉损失费的。但本法庭现只要原告向被告承认错误，当场向被告赔礼道歉算了。”

王珠京话音刚落，李中理如释重负，当庭站起来，指着我大骂说：“我们不要他赔礼道歉，我们要他的狗命。”

接着，到庭旁听的李中理的堂弟李中合也跳出来，喊打喊杀我。李中理的老婆我的外孙女阿生也翻脸骂我舅舅卡为（卡为在土话里是脏话，意思是吃屎），撕他的裤子再算。

在此混乱的场面下，我立即大声说：“法庭负责人今天下午你采用‘文革’四人帮的手法来对待我，我的生命由你负责。”

我说这句话后，王珠京才大喊大家静下来。

接着，我针对我写的“李中理这个劳释分子和骗子”这句话，我又大胆和王珠京辩论。

我说：“李中理是劳释分子，我以为这句话不错，劳释永远就是劳释，就是死了，也不能说他不是劳释。如果我现仍说他是劳改分子我才错，因为他劳动改造好了，就不是劳改分子了。但劳释就是劳改得释放了的意思，我这样说并不错，要我赔礼道歉我不做。再者说，他是骗子也没错，他从一开始拿货去，卖完了也不想拿本钱来还我，跟他说了好多次，总是拖拖拉拉，不停地寻找借口搪塞，意思就是不想还，一个人不讲诚信，这跟骗子有什么差别呢？所以，我说他是个骗子，并不是无中生有的。”

于是，王珠京便说：“这个问题就暂时谈到这里，原告坚持他的意见，那么被告可以回去后提出反诉。看来原告想要你这一千多元钱可能难了，侵害名誉起码赔偿名誉费两千元以上。”

王珠京所讲的意思是反过来是我的错，是我侵害李中理名誉，这样他不仅不用还我钱，我还要赔他名誉侵害损失费。有这个道理吗？这不是让李中理这样的无赖阴谋得逞吗？借钱不还还有理，天下哪有这样的事啊？这不是让他更加得意啊？

在法庭上我对着法官王珠京说：“如果你说我侵害李中理的名誉，有什么事实依据？他借钱不还反有理？你是怎么当的法官？我看你就是狗屁法官。”

“梁高勋，你这是在侮辱本法官，我可以告你现在，让你到时一分钱都要不回来。我看是你恶，还是我恶，你是法官，还是我是法官，到时咱们走着瞧。”

李中理看到王珠京在法庭上帮着他讲话，更加得意扬扬，立马拿出一千块钱扔在桌面上。

“本来我已带这一千块钱来准备先还你的，但现在你别想要，我们回去先写反诉状，梁高勋这次要你的命了。”

顿时法庭再次大乱，王珠京便宣布休庭，但李中理、李中合都等在镇政府门口准备打我。

我再次对王珠京说：“你要通知派出所来保护我回家。”

他说：“不需派出所，我来送你回去。”

于是，由他护送我回家，从镇政府到邮电局门口，王珠京任由李中理夫妇一路大骂我，并多次冲到我身旁企图行凶。

从那天起，被李中理拦路大骂和威胁之后我只出街一次，我连续两个多月不敢出多儆街。

自那天以后，我连续将情况向县法院和检察院、县委、县政府、县人大分别写了许多反映上述问题，要求派员前来处理。

还有，从那天以后，李中理曾到多儆中学找陆朝辉帮他写反诉状并到县城打字和印刷反诉状数份，从西德回儆德在旅游车上曾将印的反诉状给车上的许多人看，并且第二天将那些诉状拿到我家门前出示恐吓，我说："梁高勋，准备吃你的下水啦，你活不了多久啦。"

但我也曾到西德律师事务所找过王廷春律师了，并交给他一百元，聘他作为我的辩护律师。他看了我的诉状后说："如果我打输这场官司，我永远不当律师了。"

结果不知为什么反诉书都一直不交给法院。

同时，那天李中理带去的那一千块钱当天王珠京已收放了，但他公开说等李中理写反诉和开庭审理了再算。

结果这一千块钱放在王珠京口袋里长达八个月之久。

后来不知为什么反诉状一直不敢交法院，而且八个月之后，王珠京突然找到我儿子梁卫元，并对卫元说："卫元，你告诉你父亲到法庭来领取李中理赔的那一千块钱。"

我便对卫元说："同他讲，说我爸不肯来领，怕这钱不够赔李中理的名誉损失费。"

卫元把我的话传给他听后，他却对卫元说："他不肯来领，你就代他领去，只要有你家的人签收就可以了。"

于是，卫元便从他手中领这一千块钱来交给我。

但是李中理的欠条是写一千一百五十七元的，现在他只交一千元，尚欠一百五十七元。

后来我曾对王珠京说："他还欠一百五十七元啊，怎么办？"王珠京却说："不就这一点点钱嘛，算了吧。如果你还不服，可以再交诉讼费，再告到县法院去吧。”

后来我考虑一百五十七块钱如再打一次官司只有法院得赚，我是得不偿失的，所以不再告。

至今李中理尚尾欠我的钱。

想不到李中理和王珠京竟是一丘之貉，狼狈为奸。

七

庆普和中理是襟兄弟，同是我的外孙女婿，也和李中理一样是我养的狗，咬了我的脚。

原来他的家境比较贫寒，贫寒到什么程度呢?他住的是木条搭建结构，下面一层是用石头垒成的墙，中间分成两开间，一间是用来养猪，也就是用作猪栏，另一间是用来养鸡的，也就是当作鸡栏。第二层是用木板钉成的地板，由于木板很薄，人走在上面总是“咿呀、咿呀”响，房顶是茅草盖的，四周是用竹篾围成的，冬不暖夏不凉，大小便都是在二层割开一个洞，直直地拉或屙到下面的猪栏给猪吃。

没有专门的厨房，在大厅摆着火塘，一年四季从不熄灭过。火塘上，放一个铁的三脚架，煮菜的时候，就放一个小铁锅上去。由于长年少油缸盐，铁锅像生了锈一样，看不到一点点光泽，煮菜多是用水煮的，和猪吃的差不多，一家人个个面黄肌瘦。

我的堂二姐每次出街都哀求我如何帮助他们，指点他们搞点什么生意或介绍他们做点什么工种能找得一点收入，能够解决日常的柴米油盐就可以了。

我也觉得他们很可怜，就通过熟人老黄关系，让他们夫妻俩到县城老黄的建筑公司打零工，就是拌灰浆、送灰浆挑砖等体力活，一天每个人可挣到五块钱，才干不到两个月，就嫌太累，受不了苦，受不了日晒雨淋，散手不做回家去。

堂二姐又上街来找我，希望我再帮帮他们。于是，当年腊月销售旺季时，我便让他俩逢多儆圩日帮我拿爆竹和糖片到街上摆摊卖。

头两圩晚上收摊后让他们在我家吃饭后又给他们几斤面条、粉丝或火油、糖果之类作为给他们当天的辛苦费。

后来我便把原来我逢街天拿出去摆卖的那一摊百杂商品交给他们俩（我再也不去卖了），并且拿一本簿把那摊商品一一登记清楚，按我店的批发价批发给他们。

就以这一摊百杂商品作为给他作本，今后哪样卖完就拿钱到我店去买出来卖。

腊月期间，他们是按我的要求去做，当天卖得多少钱晚上就如数交给我。

可是春节前，他家用的鞭炮、香以及日用品、酱、醋、油盐，甚至小孩的玩具等全部从那个摊里拿去。

春节后，那个摊的商品缺乏或已卖光了，而没有钱来再买，我又让他赊销出去卖。

由于开了头让他赊销，后来他又得寸进尺，平时他家的日用和小孩的学杂费以及零用都是随便从那个摊里开支。

这样便逐步欠了不少钱，次年三月初三之后一盘点，他总共欠我二百多元。

盘点后我要他今后用钱要节俭一点，要逐步减少超支，谁知到歌圩之后再盘点，超支（欠款）又上升至二百五十多元了。

因为农忙时他们忙种田不得出街卖，我便趁机收回来，我自己出街摆卖。

至此，他就欠下我二百五十多元的货款。

当年将至中元节（即壮族节日“七月十四日”），钦州市有一壮年人来要陇洞一妇女，前面已生有两个女孩，为了传宗接代而回陇洞来躲避，想再要生有一个男孩为止，双双到陇洞来。

一天他们来多儆到我家买东西，交谈中，他想在多儆街找一间房租，开个经销店。当时我正想出租我的经销店，因为我感觉自己一个人搞太累了。

于是和他协商清楚后便将经销店转让给他承包，那钦州人只搞三个月，他的老婆分娩后，又是一个女孩，他们不要这女孩，就把这小女孩在得满月后送给别人，同时把经销店退还给我。

此时我由于自己一个人做，因孩子还读书，老婆又在马鞍，便写出广告招租，后来是庆普他来要求承包。

我考虑如果不让他们做，连他们欠我的那二百五十多元也难要得回来。于是，便和他们定如下口头合同：第一，将我的经销店交给他们俩负责营业，我不插手。第二，今后利润是除本外，我和他们平分利润。第三，我可协助他们进货，进货一定经我登记，同时我印有进货登记簿，里面有进货价和零售价以及批发价。例如：一条刘三姐香烟进价十八元，批发价是十九元，零售价二十元。我和他们结账时，只以批发价即赚一元来和他们分利，即每人五角，而他们零售二元，他们实际上得赚一块五毛钱了，我这样让利给他们。第四，口头合同规定，当天他销售的现金当晚一定交给我，什么时候去进货再和我领出来。

这样做头几个月他们也很勤快，起早贪黑地做，也能按时交货款给我，他们也不敢挪用。

但后来母教突然患病去西德县医院留医，除开带他们应该得的利润去之外，又另和我借二百元现金去。

她去留医后，这里无人销货，林庆普便回来将经销店盘点交回来给我，后来母教留医回来就一直不到我家结账过。

当年冬，他们家在中学大门前做烤烟窖时，又到我店赊销浆桶、水泥和火油等共要了五十多元。

我喊他到家结账，总共欠下我店五百一十多元，但他没有钱还，就写下一张欠条给我，一直至今这五百一十多元竟变成老虎借猪了。

我曾多次追问，总是说还没有，有多次他养几只大肥猪，每次出栏都是有成千块的收入，可他们就是不肯还你……

我问来问去总觉无脸再问他了，现在他们家也做一些经销，收入不错的，但他们哪里提起还款给我呢。

虽然他比李中理要好些，起码不和我翻脸不认人，但他们欠的钱比李中理多过好几百元啊。

唉，心太软也许是我人生中的一大短板，你同情他，好心拉他一把，到头来还是亏了自己。当他有偿还的时候，却把人家帮过他的一点点忘掉。

第三十三章　服装一做就五件　家里商店私藏钱

再说陆玉莲与我四哥有保元这事，我已原谅他们，但家中凡有农活苦工专门由四哥去做，陆玉莲则坐享其成。

不可否认，四哥人还是很勤快的，又有一手木工的手艺，平时除了在家干完农活外，闲时就带本屯的人一起出去给人家起房，四哥是他们的木工头。

当时在农村起房都是木头结构，四哥根据屋主提供的木料，分好哪些可作大梁柱，哪些可作横条，下好线，再分给小工按他的画线做工。他只负责监工、验收，哪些做不好的，做不到位的，他就亲自去动手修整，工作格外认真。因此，经他手中建起的木房还从来没有一个是因质量问题而被屋主骂，有的都是恭恭敬敬，好茶好烟招待。完工后，屋主还另有一个红包给他。

所以，四哥通过他的劳动，找得一些钱回来，但他并没有留着自己用，而是把做工得来的钱交由陆玉莲掌握支配。

例如，一九七四年生产队卖完田七后，靠四哥的工分共分得五百多元现金（当时生产队干部和管田七的人，每户得几百元甚至上千元，如队长王方南就分得一千多元，管田七的侃勋收入也上千元），四哥分文不留全部交给她，她却拿到县城随便挥霍。

当时我正在西德师范戴“右派”帽子劳动和工作，每月工资只有二十四块五毛。

而她携带五百元到县城与我共住一个多星期，一点也不透露给我知道她身上带有钱，不仅不说，她还和我拿走我这些微薄的工资去十元，接近我半个月的工资了。

直到她离开我回多儆那天早上，由于她到西德被服厂定做五件衣服，因未做成才不得不把取货单留给我代她领。当时我一计算，五件衣服接近二百块钱，她从哪来那么多钱？

我问她，她乱说是平时我寄给她留下的，但我心里明白，我平时寄给她的钱最多也是十来块钱，难道她不吃不喝？全部存起来也没有那么多呀？

“你说老实话，这么多的钱到底是去哪得来的，我寄给你的并没有那么多，哪怕是几年的积累。儿女们在家也要吃饭，也要花钱，我就不相信你有那么大的能耐找得五百块钱来。是不是你问四哥要的，或是四哥给你的？”

她也许知道我已经看穿了她的鬼把戏，便不出声，保持沉默。人家说沉默就是等于默认。

最后被我逼急了，反过来骂我：“你神经病，你不相信，我也不必要跟你解释，你想怎么样就怎么样，想离婚我也不在乎，反正跟你这种‘右派’分子也累了，要钱没钱，在家农忙时又不能帮上忙，并且一年到头你回家过几次？我简直就是活守寡，被村干部调戏欺负的时候，希望有你在身边多好，就没有受到这种侮辱，你说我容易吗我？”

我承认自我被打成了“右派”以后，确实给她带来了很多的伤害，活得不能像别人那样有尊严。

想想算了，自己想开吧，虽然不信，但也不必再追查下去。

直到过后我有机会回家，才从烈勋弟口中得知那是四哥分得五百多块田七款。

我实在无话可说，心中升起“悲凉”二字。

由此可见，陆玉莲和我就是同床异梦，让我白白为她戴了一辈子的绿帽，还骗取我去不少钱财。

事实如下：马鞍老家这个经销店是一九八一年我经手投资亲手创办起来的，开始她和四哥曾经反对过，后来我说你们不同意办我就和梁秋元合伙办。

结果四哥勉强说如果去和别人合伙，那就拿来我们自己办。

一九八二年我调到多儆中学后，家中经销店全部靠我进货回来放在黄光山家，然后才搬到马鞍。

从一九八三年开始我又在学校开办一个经销店，从此家中店所进的货就是每天街天两匹马到学校这个店拉货去卖就是了，原来我是不登记的，但他们拿去卖掉了钱就是不拿回来交，总说还卖不得，既然卖不得为何每个街天都拉马来要货？我意识到他们私藏钱了。

后来我便开始登记，经过登记，按批发价一定叫他们交回成本来给我。

这样做了之后，他们不得不交回部分货款，但结果每年结算后，马鞍店不但没有给我一分钱利润，而且连税、运费、工商管理费用和办各种证照所花的钱都是由我开支，每月再欠一点，全年加起来，马鞍家中店欠街上店每年二千至四千元不等。

一九八一年搞经销至一九九七年，她掌握家中店时累计共欠街上店的货款近两万元，而她经营这个店达十几年之久，每年营业额不低于两万元，十几年营业额共二三十万元，按利润最低百分之二十来算，纯利不低于五万元。

还有每次她去要货，总是故意有很多不肯记账，曾经被她故意拿去几个月的账本无法记账，以及每街天来帮我卖货后从钱桶里拿钱去买肉、买菜，有时菜、肉不买她也要拿二三十元，说去买东西，这又是一个问题。

最严重的是，一九八六年我货款三千五百元，竟被她偷藏三千元。一九八九年我货款四千五百元又被她偷藏四千一百元，这个四千一百元原来在银行是陆玉莲名字的，从一九八九年四月份开始，交给四哥拿去提取出来，改以四哥姓名定期储蓄。

一九八九年八月份四哥病重去鹅城留医要开刀的前一天，晚上他怕死在刀口上，便悄悄告诉媳妇王艳凤说："我有四千一百元定期存折在银行，如果我死，就拿给保元去领。"

他交代媳妇时被我的五妹听见，而悄悄告诉我。

结果他死后，梁保元想独吞这笔款，经我和镇政府要证明到银行才发现，四月份才从玉莲存折上转到兴勋定期存折上。反过来又详细查陆玉莲的那本存折，是从一九八六年开始写家中要货登记之后，才发现她经常有钱存入这本存折去，而且习惯是每次她到街上帮我卖货后的当天或第二天就有钱存进去了。

原来陆玉莲和四哥在同一屋简直就像一对夫妻。我在街上开店忙着找钱，为了儿女们过上好日子而拼命工作，他们两个却在后面背着我私藏钱。如果是为了用于家里的开支我也不说了，偏偏是为了他们的儿子保元而藏，并且数额还不小，一直藏到他们的儿子长大，经销店倒闭关门为止。

一九九一年我贷款八千元，又被她偷走七千元存放在火灶背面，到期我的贷款无法还了，到大女儿芝秀处去借钱还贷，芝秀才透露说："卫元因要酿酒在整理火灶时，发现火灶里埋藏有一包东西，拿出来打开一看是一叠钱，共有七千元，就拿去交给他妈妈，才知道他妈妈私藏七千元。"

我立马回马鞍问她那七千元的事，刚开始她就否认没有这回事。

"我没有私藏钱，是卫元胡说，他问我要钱去要搞酿酒。我说没有，让他自己想办法，要么就去跟你要。他见我态度坚决，就编故事来骗给你们听的。"

“你就不要再编了，真正编故事的人是你吧，放在哪地方多少钱我已经一清二楚，我还要等着拿去还贷呢。夫妻有必要搞得神神秘秘、躲躲藏藏吗？”

她知道无法隐瞒才拿出来给我去赔贷款。

一九九七年保元释放回家之后，我带他到芝秀那边买六只猪给他。在吃饭时我谈到他的妈妈多次私藏我的钱，没有她我将这些钱投入生意不知赚多少钱啊。

保元马上当我和芝秀的面说：“对了，一九九一年我请假回家过节时，她也带我到牛栏指着一个地方说她放在这里一万五千元，如果她死了，让我释放回来拿上来用……”

后来我问芝红、卫元、国元他们都说不知道。

说明陆玉莲这个人只有保元才是她的儿子，其他人她从来没买过一对衣服，没拿来给一粒米，学费、生活费全是我自己包的。

至于那一万五千元，后来我追问保元，他这样回答我：“那次我回劳改场我就拿去了。如果我不拿去，我怎么得减刑。如果我不拿去，这几年我吃什么，我的身体还顶得到释放吗？”

我说：“那一万五千元你是怎么花掉的，都是拿去送人了吗？”

“那一万五千元其中分几次给领导了，五千元送给所长，六千元分别送给两位副所长，才得减刑；三千元分别送给两位看守，他们对我很客气，态度没有那么严肃，安排我的工也是轻松的，没有像别的犯人做重工、干脏活；一千元送给牢头，得到他的保护，别的犯人才不敢欺负我，如果没有他的保护，我老早都被同狱的人打废了，现在还能活生生地站在你们面前？你们以为在监狱里就很安全吗？他们除了认钱是不会认人的，有好多犯人因家里穷拿不出钱来供，只好在监狱里待着，既不得减刑，又被赶去做重活脏活，在阳圩劳改场，那么多的茶山，管教们都把任务定到个人，一天必须完成采茶叶二十斤。如果不完成的就要给钱补上,没钱给的回到监狱驻地必须去搞厕所卫生。在别人吃饭时你还在做工,等别的犯人吃完了,才轮到你吃。你以为那牢饭好吃吗?一个星期都看不到一片肉,而且你以为那肉是好肉吗?那是猪头皮,连毛都没拔干净,吃的那米饭,你以为是好米吗?那是老米也就是三号米,甚至连三号米都不是,还掺入碎玉米,那个味很难咽的,根本不是人吃的懂吗?你每年送去的糯米、茶油等明说是送给我,其实都拿去送给领导当过年货了,没有这些东西会放你一马啊,那简直不是人待的地方。"

我听了还能说什么啊,陆玉莲为了她这个儿子真是费尽心机了,什么都为他着想,也是因为他们的溺爱才有他入狱的下场。

第三十四章 孤男寡女夜难挨 相互慰藉生孽仔

下面说说保元的由来：

那是“文化大革命”时期，我被当作“臭老九”批斗、戴高帽。

我和陆玉莲一九六五年冬结婚才一年多，从一九六七年元月开始就多年不得回家团聚过。到一九六九年九月二日陆玉莲才偷偷到龙桑中心校和我相处三天，九月五日我又被调到足六水库参加劳动，她回家就怀孕了。一九七〇年六月她生了一个男孩，可惜一个多月便夭折了。

此时我身不由己，不能回家安慰她。

一九七一年春她突然到水库来，当晚我发现她又怀孕了。我问她：“我一年都没回去和你一起生活，你怎么会怀孕的？不会像《西游记》里说的那样，是喝仙水怀上的吧？你今晚必须给我说清楚是和谁搞而怀上的，否则今晚你别想睡觉，你别拿我当痴仔来欺骗我，我不是三岁的小孩。”

经逼问她才说：“去年那个男婴死后，我很伤心，每晚一上床我就痛哭。”

“有一晚四哥突然进入我睡房安慰我，不一会儿他却躺下不走，当时我有气无力，没有拒绝。因为你长年没回家，我一个女人特别是到了晚上，更是孤枕难眠无人诉说。我知道家中只有我和他两个人，所以就控制不了自己，四哥用手不停地抚摸着我，慢慢就把我的衣服解开，又解开我的裤头，就这样一起睡……”

“再有几次是在玉米地里收玉米时做了，我知道这样做是对不起你，可我是女人啊，我也需要安慰，不久便怀孕了。他怕你和其他人知道，让我来和你住几天。”

听完她的话，我恨不得回去打四哥一顿，再交公检法处理。

但在我很愤怒之时，又不相信我四哥会做这种对不起兄弟的事来。因为四哥自从两次婚姻不成之后，一心都放在务工上，经常到外面打工补家用，应该没有这种邪念。

倒是陆玉莲，我怀疑是她去勾引四哥。一个女人常年没有男人在身边陪伴，怎么能耐得住寂寞呢，特别像她在这个年龄更是风骚无比。四哥在外面打工找钱来都全交给她，由她去支配，她能不感激吗？加上孤男寡女同在一个屋檐下，在农村没有电的夜晚，怎么会没有那种欲念产生啊，当然一巴掌也打不响，两巴掌才有共鸣，干柴遇烈火能不燃烧吗？

因此，对四哥我还能说什么啊，他也不容易，兴许以前从来不得碰女人过，有陆玉莲这样的骚货在勾引，换是哪个也挺不过的。

此时的我心里真是杂七八味，恨我自己，也为自己的无能深感悲哀。

事已如此，再骂再打又不能解决问题，当务之急还是叫她把肚子里的孩打出来，但此时我身不由己，无法回去带她去医院打胎。当时打胎费用也多，我每月只有二十五块钱，无法支付打胎的费用，所以叫她回家后一定找土药来打胎。

两个月后我才请得假回去要处理这个问题，但是晚了，她已经怀孕八个月，不能打胎了。

四哥见我回家后，知道很对不起我，整天躺在床上要喝农药寻死。

此时，我不知所措，像热锅上的蚂蚁，就找二姐和四妹来商量，我把事情经过跟她俩讲。

她们不仅不骂四哥和陆玉莲，二姐反而对我说："家丑不可外扬，你一讲出来，不但你四哥死去，连你们谁也无脸见人，永远抬不起头来。现在谁也不准乱讲，这胎就当作是你的孩子，这样做神不知鬼不觉，谁人知道？"

"天啊，亏她怎么会想出这样的馊主意来？她和四哥做的好事，有了结果却让我来背黑锅，这不是明明让我戴绿帽吗？"

二姐却不以为然地说："像你这样背黑锅戴绿帽的在农村也不见得奇怪，我们屯里就有这样的事。有一个像你一样在田州当老师的人，在小的时候，家里有四位姐姐都出嫁了，就他和一个弟弟在家，而且年纪又小，还做不了农活，就张罗着帮他找了一个童媳妇到家里来做工。"

"这个老师后来考上师范，毕业后就到田州那坡乡中心小学任教，由于他人长得又帅又高，学校里有几个女老师都在暗地里想跟他，有事没事往他宿舍跑。他也明白她们的来意，但家里的童媳妇如何处理？退回去不要吧，良心又过不去，毕竟她也来家里好几年，帮家里做工而毫无怨言，她没有过错啊。"

"他心里很是矛盾，后来听他的同事说采取冷处理，就是在田州那坡中心校住，不回去，让她自己觉得待不下去走人。"

"结果那童媳妇见自己男人放假也不回来，便在家里的堂姑妈带领下，趁着放假跑到田州那坡中心校来，和他同吃同住一个星期，但她男人虽然和她们同吃却没有和她同住，而是跑到旁边的一个老师宿舍去住。放假了住那间房的老师都回家去了，只有他一个人住校而已。"

"童媳妇心里明白，她男人有意躲开她，是想和她分手，但又不好明讲出来。堂姑妈给她出个主意，就是让生米煮成熟饭，他就无话可说无事可推了。"

"堂姑妈问她在一起一个星期和他睡过没有？有没有做那个啦？她摇摇头说没有，说他一点都不碰，连手都不摸一下，更别提做那事了。"

“回来后，在一个漆黑的夜晚，堂姑妈带着她到隔壁村的一户人家，这家只有一个中年男子，早年老婆病逝，一个女儿也出嫁了，只有他一个独守空房。堂姑妈从布袋里拿出一条毛巾，把这个童媳妇的脸给蒙上。那男人知道今晚有艳福，也故意不点灯，门是掩着的没上栓。堂姑妈把她带进屋里后，就退出来，并把门拉上。”

“大约过了一个小时门开了，她走了出来，但脸还是蒙着的，就这样连续晚上带她来这个中年男人家一个多星期，她终于怀孕了。”

“一个月后再带她去田州那坡中心校她男人那里，她男人不明就里，因为从来没碰过女人哪知道她什么时候怀上啊。只好默认，当然也是出于面子。如果不要她，人家就会说他是当代陈世美。”

“就这样她生下了个女儿，再以后她也没有生了，因为她男人为这个女儿，而戴了一辈子的绿帽也不知道，还把那女儿养大成人。直到死，他也蒙在鼓里。”

“我跟你讲这个故事就是让你明白，你现在的处境就是跟那老师一样，忍受吧，这样对你四哥、对玉莲、对以后生的小孩都好。”

我听她这个馊主意，心软下来了，只好默认了，同时二姐还叫他们保证今后不准再犯。

我当时提出了如下几点声明：1. 我忍辱允许生下这个孽子，但坐月的所有开支由四哥全部负责；2. 以后这个孽仔的抚养、上学读书费用全部由他俩负担，不关我事；3. 这个孽种不管是男是女，今后男婚女嫁完全由他俩自己负责；4. 以后这个孽种不能继承我的任何财产，只能继承四哥的那份财产。

上述四点，他们都保证做到，我才回水库去。

四哥与陆玉莲生下的孽仔，还让我去认是我自己的亲生儿子，并把他抚养成人，又娶妻立业给他，这是我错听了二姐和四妹的这个馊主意，才致使自己忍辱戴上这顶不该戴的绿帽。

现将我三十几年来如何抚养这个孽仔细细道来：

我听从姐姐和妹妹的那个馊主意回水库不久，连续收到她写来几封闹离婚的信，我始终不回信。

一九七二年春节后，她带上这个刚生的孽仔到那亮初中去找我，声称打算把这个孽仔送人后，她要和我离婚。她刚讲完这句话后，这个孽仔好像听懂大人讲话似的立即大哭不止，哭得脸色苍白，几乎要断气一样。

此时，良心驱使我跑到离校几里路远的那亮屯去找赤脚医生王立姗来打针吃药后才止哭。

第二晚她又再提孩子送人她要离婚的事，并说："已经为他找好人家了，是洞靖村的一对中年夫妇，因为女方没有生育能力，他们两个又那么相亲相爱不想分离，两人就想通过别人领养一个，也好给家里带来一点温馨和快乐。"

"这样你也不用烦，也不用戴绿帽。我知道我很对不起你，任何一个男人都不会接受这种结局，因此，你好好考虑作出决定，离婚也好，不离婚也好由你。你的任何一个决定我都没有意见，因为错的是我。"

这孩子又大哭不止，眼看比昨晚更厉害，我又连夜去那亮找王医生，得知她又出诊去鲁屯（比那亮多两三里路）。我又追到鲁屯把她接来，折腾至深更半夜才止哭。见我对这孩子很关心和热情，她才不提送人和离婚。

他们回家那天，我送他们到县城时，发现这孩子呼吸困难，面色苍白。我立刻将孩子送到县医院，检查诊断为急性肺炎，必须留医。我又冒着超假回校要挨批斗的危险，陪她母子住院留医三天，这次医药费共花去我两个多月的工资。

一九七四年他又生病，其母又打电话到西德师范叫我回来，送他到多儆医院留医数天，当时我的好友黎振冠还买一块大猪腿到医院给我们。那时每人每月只半斤肉票，他送一块猪腿比现在送一只小猪还要贵。那次留医又花去两个月的工资。

过后我问陆玉莲："小孩是你和四哥生的，你怎么好意思带到学校来，要我来承担啊，原来在二姐和四妹面前不是已经说好了吗？这个小孩从出生到长大都由你和四哥供养，现在怎么就推到我这里来呢，我倒像是他亲生父亲似的，你这样做就不觉得内疚吗？你应该让四哥来和你一起担当才对。"

"叫四哥担当也行呀，其实他也在担当了，家里的农活都是他做的。如果你不想把这层纸给捅破的话，就当什么事都没发生。如果捅破了的话，也只有走离婚这条路。要么我和四哥重新组成一个家，要么离婚把小孩送人，我也远离马鞍，到一个别人不知的地方去，眼不见心不烦。"

剪不断理更乱，心里真是乱如麻，在这种环境下我又能如何？忍受吧，何时是尽头？不忍受吧，脑子乱糟糟的，如一只苍蝇在喉，咽也不是，吐也不是。

陆玉莲还有自私的一面，她对她娘家的亲戚很是热情，很会做那些小吃给他们吃，如做豆腐啊、做银菡（也叫黄花果糕）、买肉啊、杀鸡杀鸭啊招待，我这边的亲戚她却很冷漠。

有一次，我五妹回家来，正好芝秀和芝红抬三只鸭回马鞍去，准备过"鬼节"用，她却一只都不杀，让五妹空着肚子回去。

过后四哥知道，把她大骂了一通说："你家来人你什么都会做，我们家亲戚来人，你却什么都不会做，你这样做像话吗？"

所以，想想这些，我实在很不是滋味。

看来还是忍受吧，忍得一家平安。

委曲求全，也许是我这辈子错误的选择。

第三十五章　孽仔从小被溺爱　长大成家赌不改

由于从小跟其母在马鞍住，她太过偏爱他，造成他性格非常刁蛮，刚读小学二三年级便学会赌博了。

起初是赌糖、饼或香烟，后来发展到旷课逃学和偷钱去赌。四哥和他母亲教育不下了，才告诉我。我以派出所的名义写禁赌的通知给马鞍生产队队长召集他们开会宣读，这样做大家才收敛一段时间。

他读四五年级时赌瘾更重了，经常逃学、旷课，整天整夜去赌。我又请派出所的陆歆同志特地喊他来批评、教育和警告，他始终屡教不改。

小学毕业考初中时总分只考得四十八分。我叫他再复读五年级一次，他不肯读，从此赌博是他的专业了。

一九八七年他偷经销款去赌输光了，四哥把他绑起来，反被他大骂。我就拉他到派出所投案自首，并叫他供出聚众赌博的头目和其他参赌人员，为此派出所所长黄恒山曾在马鞍群众大会上表扬我们，并警告那些赌徒们。

可是不久他们又赌了，而且赌的地方非常隐蔽，就是跑到山上的八角林里去赌，搭个遮阳棚，一帮人围在那里打‘六公’。这是一种赌法，这种赌法下注很大，有上万元、十万元下注不等。有钱的老板拿着钱到旁边等着放贷，在山路口还有人放哨，到吃饭时间还有专人送快餐去，凡在那里赌与不赌都得每人一份。

有一次，他们一帮人在马鞍屯的一处山坡的茶林里赌得正欢，连放哨的人也顶不住诱惑，溜回去跟着下注，却被公安派出所派出的二十几名民警，趁他们不备悄悄包抄，最后一网打尽，在现场缴获现金十万多元。

主犯杨乐元和黄承吹被罚款每人五千元，梁保元纵犯被罚二千元，其他人被罚五百至一千元不等。

因他屡教不改，我故意不帮他交罚款，因此他被拿去拘留。

我也想让他知道赌博是违法的，是要被拘留关起来的，让他从中吸取教训，反省反省，不要再这样执迷不悟，越陷越深，希望他悔过自新、好好做人，就是不再读书，也要做个正经人。

他进去后，我才把那二千元罚款给交上。

他被拘留期间，我前后去探监三次，并耐心教育他。

谁知出狱回家他听坏人挑拨，对着我发火说："都是因为你不按时去交罚款，让我在监狱里受了罪，被监狱里的牢头手下打我痛得躺在地板上两天起不来。如果手里有点钱买通狱警，那些牢头就不敢欺负我了。"

"妈的，你这老不死的人，还亏你是我父亲，见儿子受罪却视而不见，是不是你巴望我永远被关在里面出不来，好让你永远省心啊？"

"以后我的事就不用你再费心了，你走你的阳关道，我走我的独木桥，以后我梁保元跟你一点毛关系都没有，我没有你这样的父亲那么狠心。"

"四伯父可比你好多了，虽然他没有像你这样有工资领，但我问他要钱他从来没有不给过，多多少少都给我一点。有一次我赌输了五百块元，人家找上门来催要钱，四伯父还帮我垫上，才打发人家走。如果是你在，你还不看着让别人来把我打扁啊，你真是够狠的。"

就因为不按时交罚款这事，他心里更恨我，并与我结下怨仇。可以说直到后来我生病住院，也没来看我一眼，而我还是在尽心地帮他。

他因赌博经常被派出所抓去拘留，可以说是拘留所里的常客。为了帮他交罚款，我自己拿出了不少钱，交罚款交到没脸见人去。

一九八八年，春节他刚满十八岁，他母亲为了他能安稳下来，为了减轻他的赌瘾，甚至达到戒赌的目的，通过媒婆给他找个对象。女方长得相当标致，有模有样。他相亲时看了也感觉很好，就订下亲来，不久便匆匆完婚。

办他的婚事总共花去五千多元，其中光我个人就开支一千五百多元，即认亲那天我给三百元现金，结婚那天我给冻肉一百〇五斤、米酒四桶、花生二十斤、木耳五斤、金珍菜五斤、干笋三斤、贵州粉丝三十斤、大白菜一百斤、杂菜一缸，又给妹夫（父青）去买七十斤猪肉，给媳妇一只手表（五十元），给三百八十元封十八个封包给亲家。可以说，为他的婚礼，做到了礼数够尽，场面够大，够风光的了。

一九九〇年春节期间他强奸堂妹梁芝芬后逃上云南，临走时他母亲不仅不叫他去投案自首，反而偷偷给他五千元，让他远走云南躲藏。

但法网恢恢，疏而不漏，逃到云南躲不了多久，就让公安把他抓获归案。

开庭审判时，为了减轻他的刑期，我花去二百元钱请王廷春律师作他的辩护律师。

王律师确实在法庭上施展他的本事，尽力为梁保元作辩护，为他的减刑起到了关键作用，否则他不知还要判多少年呢。

他在伦圩劳改场期间，每年春节都是我送钱、肉、粽粑到劳改场给他，承担作劳改（强奸）犯的父亲被人歧视，被人讥笑，被人说教子无方。

他的妻子王艳凤自从老公被抓去劳改后，趁机拿走马鞍经销店全部商品和现金，过后才提出离婚，离婚后还丢下只有一岁多的女儿梁姗姗留给我抚养。

后来随着梁姗姗的长大，到了上学读书的年龄，为了让她有一个良好的读书环境，不让她知道她父母离婚，父亲因强奸被劳改的事，送她到广东她姑妈那边上学。

光这几年在广东读书，每学期光学费就一千多元，还有伙食费和零用及衣服鞋袜，生病也是我带去看医生吃药打针，累得我实在受不了啦。

但没办法，她父亲有罪而孙女是无辜的呀。再怎么说，她父亲虽然不是我亲生的，可也是我们梁家的血脉啊，我不忍心让她在没有母爱、没有父爱中长大。我要让她和别的孩子一样，不被别人歧视，在自由中快乐成长，这是我作为爷爷的一份责任，也是一种义务。

或许，我这样做在别人看来我是找罪受，自找苦吃，可我愿意。

一九九七年他假释回家后，又问家里拿去交管教费二千元。我又带他去西德铜矿他大姐梁芝秀处买六只猪仔，回西德县城买饲料、玉米、米糠等共花去两千六百多元。

不久又将马鞍经销店价值八千多元的货物和现金交给他经营。

不料只经营几个月他就把店内的商品和现金全部赌输了，另外还从国元店要了两千多元的货。

第三十六章　外出打工怕苦累　担保贷款我受罪

我赶他下广东时，马鞍店只剩下两千多元积压商品和两头猪。

国元结婚时，我拿这两头猪来用，共有二百一十五斤，还不到一千一百元，不到买猪成本的二分之一。

后来他母亲还到处说：“保元养大，国元拿来杀。”

好像国元不是她儿子、不是她生似的，说的话那么刺耳，亏她还是个做母亲的人说出这种话。

其实她说的这种话也太冤枉国元了，我花去二千六百元，他两头猪才一千一百元，谁欠谁？

一九九八年春节，他在广东重的工做不来，轻的工又不愿做，都嫌钱得的少，在广东逛了一圈，玩了一阵，又从广东跑回来，我被迫将刚重新投资经营的经销店又交给他。

经队干梁烈勋和年长的梁福元在场盘点，库存商品进货价共四千五百元，我又补给现金五百元，凑够整数五千元给他，并叫他在大家面前保证今后不准再赌钱了。

一九九八年他要密安那个女人来，我给他一千元转交他的爱人作为我给媳妇的封包，他不但不把钱给她而且又抛弃她，去要阿布。

后来我又要再给他一千元，让他拿去给阿布的父母，到订婚那天，好让她家亲戚知道并同吃一餐饭。

他却说："不拿钱给她也会来的，拿钱来我作其他用。"

我索性不再给了。

我三十几年抚养他已经是仁至义尽了，可是他不但有恩不报，却是屙尿淋头，对我作出了忘恩负义的言行来，变成了我养狗咬自己的脚，甚至多次遭到杀身之祸。

一九九八年腊月二十六日，我们花五千多块钱给他刚完婚的第七天(一九九八年正月初三)，从正月初一至初三他们小两口天天到多徼街看比赛。

他们怕进我家我喊他们帮忙，连骑来的单车还花钱每架次三角钱（相当于现在一元的价值）去寄放治安队，肚饿才进来找吃，吃完了就走，天天如此。

正月初三那天中午，他进我家吃饭后正要走，我喊住他，说："马鞍屯的人骑来的单车为了节约开支，个个都拿来寄放我家，你却花钱把单车寄放给人家。"

他听后马上大发脾气，竟把寄放我家的所有单车全部用脚踢翻在地上。我气得打他一巴掌，却被他推倒在地，还被踢上一脚，好在一位顾客把他拉走，否则不知后果如何了。

一九八九年农历七月十五日，我和他一起围菜园，下午他偷懒离开，我自己围至天黑。吃晚饭时，我批评他两句。

他顶嘴说："我围不围关你什么事？种不种菜更不关你事，难道今后你死我就没菜吃吗？我也非跟你死吗？"

我忍不住骂他，他就拔出一把尖刀要刺我，好得那晚他的岳父王克京来吃晚饭，见状忙起身挡住我，并要夺他那把尖刀，争夺时为何尖刀反而刺中他的腿，流了几滴血。那晚如果没有王克京夺他的尖刀，我就成他的刀下鬼了。

一九九八年四月初二，是多僦敬歌圩，他来街后整天去赌钱，傍晚进我家来吃饭后，见全家人都在搬煤，他则袖手旁观，我喊他帮搬煤。

他说：“给我一百块我还不搬呢。”

又说：“又不是我的煤，为什么要我搬？”

我说：“刚才你进这个家来吃什么？”

“进来吃饭，是进国元的家来吃饭，因为他是我的弟弟，我才进来吃饭，是别人的家，你请，我才不来哩。”

每句话都有意气死我，我马上命令他立刻离开我家，否则我就报警。

他更猖狂地说：“你报呀，有本事叫他们来抓我呀……”

我真拿起话机报警，他就冲入厨房拿起那把杀猪尖刀出来，要对我下毒手。好得在场的何通明拦住并大声吼道：“梁保元，你想做什么？”接着，又喊国元过来把他拉走，这是他行凶杀未遂的情况。

一九九八年八月份我去鹅城医院留医，家中筹得七百块元医药费叫他拿到多僦寄去给我，他却拿去赌输光了。

国元从鹅城回来问他要钱时，他竟然当众说：“他已经六十几岁了还医什么医，医好回来又有什么用呢。”

当场有几位多能的群众说：“梁保元，你太缺德了。”

一九九九年中元节那天，我和他母亲忙着帮他加工米粉出去卖，那早只卖给马鞍屯就赚三十多元。如果他在家一起做并拿到外屯去，利润比平时多几倍。

可是他一起床就跑到德京去玩，直到一点多钟我们卖完米粉、杀鸭拔毛、拜神和煮好饭菜，他才和阿布一起回来吃饭。

饭后他们又一起午睡，碗碟不洗，猪不喂。

我们两老又得到菜园拔猪菜来剁和煮熟后才得喂猪，忙到下午三点半钟才得休息。

他俩起床后又到村头聊天去了，傍晚才回来。

见未煮饭又埋怨说：“怎么天快黑了还未煮饭？”

我忍不住说：“你指挥谁？今天你们都忙了什么？”

“我做什么，忙什么，都不关你的事，不由你来管的。”

“不关我事，不由我管，前两月给你一千块钱转交你媳妇，你为什么不这样说，为什么拿去？”

他说：“我并不稀罕你的臭钱，我一定还给你。”

“好哇，既然是臭钱马上拿回来，要不然臭死你啊？”

“我一定还，杀猪后马上还。”

“不行，等杀猪太久，现在马上还。”

他便走进经销店拿出货款一千元来交给我。

我又说：“你准备好，把我交给你经营的所有臭钱准备退还给我。”

说完不顾天色将黑，我便马上回街上来。

几个月后的一天，他到街上来找我，想要八百块钱去买一个钢磨来做豆腐卖。

他人一进门就大喊大叫：“老头，拿八百块钱来给我，我要买一台钢磨来做豆腐。”

“我没有钱，你回去问你妈要去，她平时不是有私藏钱吗？不是说留给你这个宝贝儿子吗？你去跟她要好了，我这里没有多余的钱，我就是有，也要留下进货，还要吃饭。”

“你别在我面前装穷可怜的样子，你每个月都有工资领，不可能连八百块钱都没有吧，再者你这里的经销店不是生意蛮好吗？我就不信你挤不出这点钱来。”

“我说没有就没有，你还想怎么样，我没有这个义务帮你，你已经不是三岁的小孩，你有手有脚，有本事自己找去，别来这里找茬。”

他见我态度强硬，骂咧咧地走了，走时还回头大声说：“梁高勋，你等着，你不给我这八百块钱，我让你不得安宁，回去叫老妈来跟你要，到时我一分都不会还给你。”

过不了两天，他妈妈陆玉莲真的从马鞍来了，进门就跟我说 ：“保元说要买一个钢磨做豆腐卖，你就不能支持他一点吗？”

“我支持他还少吗？你不是还有私藏的钱吗？你给他不就得了嘛，为这八百块钱有必要跑那么远来吗？都是你这种人把他惯的宠出来的，才有他今天这个样子。你自己找给他就是，我这里的钱还要进货，没有多余出来的。”

“你恼火归恼火，再怎么样还是要帮他一下，这回他可是认真地在做事呢，你总得给他机会吧。以前算他不懂事，贪玩好赌，变成个个都不相信他。如果实在没有，那你能不能带他去信用社帮他贷款，给他作担保也行啊。”

既然如此，话已说到这份上了，我只好退一步了，便跟他妈妈说:“那就这样吧，我可以为他作担保，让他贷一千元出来，但必须是他人亲自来，他要签字，以后到期由他自己还，我是不会帮他还的，这点你回去跟他讲清楚，以防以后发生纠纷，他翻脸不认。”

第二天一大早，他就踩着单车来了，我也当面跟他把贷款的事讲清楚。他答应了，我才带他到信用社去，由他自己贷、自己还，我作担保人，给他贷了一千元出来。

俗话说 ：“狗改不了吃屎。”

他从银行贷得这一千元并没有拿去买钢磨，而是拿去赌场，不到半天这一千块钱就没了。

他灰溜溜地跑回马鞍去了，这种人实在无药可救了。

二〇〇一年，他那一千元贷款到期，我追他去还贷，他说:“什么贷款？我不知道。”

我说 ：“你不要装糊涂，你说去买钢磨，放在哪里？想赖账？银行有证据的。”

“我不是把钱交给你了吗？”

“你交的是我给你拿去给你爱人的那一千元臭钱，你不稀罕要而退回来的，银行的那一千元贷款你什么时候给我？在什么地方给我，有谁证明？大家到法庭去摆证据，谁赖账谁坐牢。”

到此他才哑口无言，现在，这笔贷款他仍未还。

他欠梁时候一笔货款已拖了多年不还，梁要求我督促他还。

他说：“这笔货款是妈妈赊销梁的货去给国元店卖的，不关我事。”

后来我再去问梁时，他说：“当时梁保元来要求赊销，我信不过他才打电话叫国元下来担保，才给他拿回马鞍去的。”

由此可见，梁保元确实是一个骗子、无赖、屡教不改之坏人。

一九九七年三月十五日，我把街上经销店交给国元经营后，从五月至十月二十五日止，他从国元拿去的商品尚欠货款二千二百七十一元，故意拖欠不还。

一九九九年芝红和卫元共寄给二千元，国元趁机扣要一千三百元，只给他七百元，并说明暂扣一千三百元抵债，后来他竟然说这笔钱他收不到。

二〇〇〇年农历三月初四，我和芝秀、芝红、政行、国元一起回马鞍扫墓。我见店里一样东西都没有，扫墓回来后，我问他：“怎么店里一样东西都没有，怎么回事？是不是东西都卖光了？还是不做了？还是拿去赌光了？”

“是呀，我全部处理光了，因为没人守，光我一个人管得过来吗？又没有钱进货。”

我一针见血地说：“你劳改回来把价值八千元的经销店交给你，现在全到哪里去了？第二次你从广东回来又经十三叔和四哥盘点交给你的五千元资金的经销店又到哪里去了？”

“到肚子里面去了，难道你交给我的几千块钱就能顶用吗？吃得一辈子啊？难道我在这里守店我不吃不喝吗？出去应酬不花钱吗？我还嫌少呢？”

“有你这样过日子的吗？你卖完东西就没有去进货，卖多少吃光多少，你这种人简直就是败家子一个，扶不起的阿斗，成事不足，败事有余，你真是无可救药了你。”

“我不需要你来救，我过我的生活，你以为我不懂啊你，你把姐姐和弟弟几个农转非，就留下我一个人在家，你是什么意思？难道我就不是你儿子吗？有你这么偏心的吗？”

我不想把他不是我的种说出来，也是出于面子，包括他母亲，我也没有转出去，一个不是我的种，一个是给我戴绿帽至今，所以我没有必要花这个钱，那时农转非是要花钱才得转的。

“你说你是不是我儿子，现在没这个必要讲，光凭你的表现我就不想给你转，像你这种败家子的人，转出去还浪费我的钱。”

他还在强词夺理地说：“就是因为你的偏心，才造成我今天的这个样子，子不教，父之过，你是负有不可推卸责任的。”

我说：“你不往好的学，一定要往坏的学，我不少说过你吧，教育过你吧，为了你帮忙交了不少罚款吧？这些你倒是忘记得一干二净。”

“你这种不争气的东西，什么事都做不成，只有赌才是你的唯一，你看你赌得连店都败光完，你说给你转出去你还能做什么？难道要我来养你不成？”

“我再问你，去年你姐和卫元共寄给你二千元，你说这笔钱你没收得，究竟是怎么回事？”

他在国元也在场的情况下不敢吭声，我继续揭穿他说：“是你欠了国元店两千多元的货款，他应该全部扣完还不够，可是他暂时扣要一千三百元，还留给你七百元，是吧？”

政行接着说：“这算你已经收到了，只不过被债主扣去了，怎么说你收不到呢？”

他居然说：“钱又不是你寄，关你什么事？不由你来讲。”

芝红接着说：“钱是我寄的，你说建楼，楼在哪里？你这不是骗我吗？”

他无耻地说：“我不骗，你们怎么给我钱呢？”

芝秀插话说：“依保，你也太过分了，少讲两句吧。”

“你从来没给我过一分钱，你最好也不要插嘴。”

此时他像疯狗一样疯狂咬人，在场的人无不咬牙切齿。

回来的路上芝红还说：“刚才我又给他三百元，晓得这样不给他才是。

第三十七章　十足一个大无赖　起房超支要我买

二〇〇一年我和他母亲从广东回来，匆匆回家要帮他种田，一踏上马鞍村界，别人的田大部分已插秧了，未插秧的田也已犁、耙过了，但见我家的田块都还长着杂草，未犁未耙。

走进家门口一片狼藉，我的房间四通八达，架床只剩四只脚和四边框架。走到栏下，牛栏、马栏以及四周的围墙木料已被拿去当柴火烧光了，人和家畜随便出入菜园，通往树林、野外。

更伤心的是我花去了一百〇八块买回三斤八角种子来，在菜园里育苗，今年已育第四年该移植了，竟然被他全部无偿送别人，自家一棵都不种。

特别严重的是数年来我家养有三匹马每只都驮熟了，更可惜那只母马是一只“结尾龙”——宝马。是我家历年来的摇钱树，人家曾开给我三千元要买它，我都不舍得卖，现在几匹马先后在他手中损失完了。

当天中午要煮中午饭时，一根柴火也没有，我只好到公幸家借几条，又花几块钱和深元买一捆柴火才能煮饭。吃饭时没有一个凳子坐，原来有的六个小靠椅被他们小两口每次打架时拿来当战斗的“武器”丢来抛去，搞断了脚，当柴火烧完。

回想几年前生意兴隆的经销店、丰衣足食的生活，栏下牛马成群，菜园瓜果满地，房屋坚固清洁，现在搞得一片狼藉，我又伤心又气愤。

吃饭时我开始责问他，又被他句句顶嘴，并说："我做不做工关你什么事呢？我做什么、不做什么，都不要你来指点。难道以后你死，我也跟你去死？我就活不成了吗？"

"你能不能养活你自己，你应该清楚，你看看这个家，我们不在的这些日子，现在变成什么样了啊？搞得破败不堪、目不忍睹，这还是个家吗？"

"像不像个家，和你没关系，反正又不是你住，你看不顺眼，你可以不住。你可以走啊，到多儆你那楼房去啊。"

"你这个败家子，我为了你付出了多少？你去问你妈去，从小到大为了你，你妈心里很清楚，没有我的付出，你老早都活不到现在。"

"你生我就得养我，这是天经地义，但现在你却把我扔在农村，让我在这里受苦受难，你觉得你这个当父亲的做得对吗？做得公平吗？"

"公平不公平你妈最清楚，你想搞清楚就问你妈去，她愿意同你说最好，她不愿意说出来，就当什么事都没有，就好好地过你的日子。"

"我当然是要过我的日子，所以我现在想做什么、不想做什么，都是我自己的事。你这个老不死的东西，一回来就看我不顺眼，说这说那，我懒得理你，更懒得听你讲。"

"是的，你可以不听我讲，但以后别到多儆街上找我，装可怜要这要那，有本事你出去自找去，向别人伸手，要别人可怜，算什么男人？"

"你没资格在这里教训我，你吃饱没有？吃饱了你就给我滚回街上去，别在这里啰啰嗦嗦。"

他讲的句句都惹我生气，几乎又到了要动武的时刻，当晚我强忍怒气跑回街上。

二〇〇二年正月初五要拆马鞍旧房屋做楼房了，我是一家之主，他们母子俩居然不给我知道。直至正月初二我和芝红、卫元一起去马鞍才知道。

初五那天，我和国元从街上赶去帮他拆房，搞得满头大汗、周身灰尘。

他却借故去登龙买豆腐，去了一个早上，吃中午饭才回来。饭后大家继续做工，他却喝够酒，躺在沙发上睡觉。

很不像话，大家都在做工，他却在那里躺着睡觉。我走过去对他说："你这样睡，不觉得过分吗？你起房子，大家都来帮忙，你却无动于衷，这个房子是你起的，还是国元起的？是你住的，还是国元住的？国元放下手中的生意不做，专程回来帮你拆房忙里忙外，你倒好，吃了喝了睡，跟猪有什么差别？"

他这才懒洋洋、慢悠悠起来，很不情愿地和大家一起做工。

放线时，我根据现有的能力和需要，暂做七米宽、八米深共五十六平方米，加两头阳台共七十平方米左右，第二层暂时做半段（即七米乘四米共二十八平方米）这样两层一百平方米左右有三个房间了。除他两夫妇住一开间，还有两个空房供来往亲人住。厨房的地还很多，有七乘四或七乘五都得，利用旧屋柱、横条、瓦片，只需十把个人搞一两天就可以把厨房建成了。

这样做钱刚合适，住房也够了，以后有钱再继续加高两三层都可以，这是个切实可行的计划。

谁知我离开后他母子全部推翻，自行设计，由前面到后面深达十二米多，厨房也全部用钢筋水泥盖，旧料及瓦统统不要，结果光第一层就有八十七平方米，接着她们又继续第二层全封闭搞一百平方米左右（两层共一百九十平方米）。第二层砌完砖后，钱没有了，盖顶板的水泥（约七十包）、钢筋、砂石和工钱都没钱开支了，就跑来街上逼我要钱，逼国元负责给几车砂石。

我当场把春节后我的开支情况详细公布给他母子听：1. 光今年你建楼我又共支去五千二百一十九元了（以前给的不计在内）；2. 国元搞楼梯

我给六百元；3. 你妈去百色治病我带去一千元（还剩四十一元）；4. 为卫元共支一千三百八十元（其中借一千元）。以上四点我共支出去八千元左右。

所以，我叫芝红和卫元把借我的钱中每人寄回来给我一千元才得还债，这个情况他妈是清楚的。

但是红和卫的钱寄来到后，他妈却故意造谣说："红和卫寄钱来给保元建楼用，被他父亲全部扣留自己用。"

他也在马鞍扬言说:"他（指我）不交出这两千块钱来,就要放他的血，要他的命。"

我回马鞍跟他们母子俩说："建这个房，经过我手上开支大体就是这么多，你们不量力而行，擅自主张，造成超支，倒是要我来帮你们出。现在全公布给你们看看，不然你们还以为我有钱不给你们。"

"你作为父亲，你说没有就没有吗？没有你也要想办法，借也要借来，直到把这个房子建成为止。"

"你这不是十足无赖吗？凭什么我一定要帮你起到成为止？你没有手没有脚，自己不会去想去找吗？"

我再也不想跟他们争吵下去了，心里像被针刺了一样在流血，眼泪不断流，只好离开他们回多儆去。

农历四月十二日他又来逼我要钱，我不给，他就去和吴志勇说，准备拿家中的几十块寿板来和吴换要水泥。

那批寿板是四哥到街上和我要三百块钱去买的，那时每块只八到十元，如今每块一百元左右。

"现在我和你妈已老了，寿板很难买，你应该留下准备了。"

"我们三兄弟，怕你死后我们找不得一副棺材给你吗？你经常去广东，有时在广东死，火化了事，还找什么寿板？时到时为，现在不考虑以后的事，解决眼前的困难要紧，其他的统统放一边去。"

“我说你这个人怎么一点道理都不讲，真是不可理喻，乌鸦还懂得反哺，你不但对父母不孝顺，还要不停地挖、不停地啃老，你看国元像你这样吗？”

“他是他，我是我，我和他能一样吗？他是非农业户口，我是农业人口，我注定这辈子只能跟泥巴打交道，而他不同。”

“他和你有什么不同，除了户口不同以外，他和你一样也要依靠自己的双手去做才能找到吃。”

“你说你是农业人口，注定跟泥巴打交道，但就是有泥巴给你，你也一样一事无成。你看看你的责任田、你的山地，跟别人相比，相差十万八千里。人家种的水稻绿油油的，山坡上种的茶树绿森森的，哪像你的田、你的地，荒草遍地，灌木丛生。就你这种人，当个农民都不够格。”

“是呀，我当个农民不够格，那又怎么样？现在做农民的，整天面对着黄土，背朝着天，整个人日晒雨淋，黑得跟煤炭一样，到头来有哪个能富裕起来？”

“哦，你也知道无商不富这个道理啊，那我不是也给过你机会了吗？不是把经销店转给你做，让你自己经营了吗？你经营到哪去了，最后店里空空荡荡的，一样东西都没有，不是你拿去赌完了吗？”

“那又怎么样？反正你自己看着办，给还是不给，一句话了事，其他废话少说。”

看着他这种态度，我愤怒到了极点，恨不得拿一把刀杀了他。

为了保存这些寿板，我只好退一步，再借钱给他买六十五包水泥和几条钢筋，共花去一千元，并顾车送到家给他。

得了水泥，他又得寸进尺。

第二天又来闹，找我要五百元现金，说要去请人盖楼顶板的工钱，此时我确实没有一分钱了。卫和红寄来的钱赔债一千元买水泥给他，一千元已经用完了。

不得已我故意离开他躲起来，他左等右等，等到天黑也不见我，只好空手悻悻回去。

晚上我整晚睡不着，总想躲得今天，能躲得了明天吗？再这样下去也不是办法啊，他现在是个不讲理的人，除了要钱，什么父子情都不会想的，想来想去想到了那句话："三十六计，走为上计。"

三月二十六日（即四月十五日）我简单地收拾行李，一大早匆匆离开家坐上多儆通往县城的班车，像逃难似的到珠海去躲避，眼不见心不烦。

第三十八章　亲生女儿他不认　揭他身世留后人

姗姗刚出生四十天时他毫无人性地打发刚满月十天的妻子到多儆要货，趁老婆不在家之机去强奸邻舍堂妹梁芝芬。

逃跑后被抓回判十年劳改，因此老婆离婚改嫁，不但拿走经销店的全部商品和现金共六千多元，还留下只有一岁多的女儿梁姗姗给我抚养。我把小孙女从襁褓中一把屎一把尿好不容易才把她拉扯到七岁，到广东上学读七年级了，他才劳释回来。

回来后他竟埋怨父母说："她离了，为什么不给她把这女孩带走，留她下来做什么？"

我马上当面骂他说："畜生，你毫无人性，我既当爹又当娘，辛辛苦苦把孙女抚养这么大了，你居然能说出这样的无良心的话来。好，你嫌弃她，你不要，我要，我继续抚养她……"

这是我现在全心全意供养姗姗的原因。

几年来他对姗姗的衣、食和读书费用从来不闻不问、不理不睬。最无情的是，有一次姗姗生病在小学大门的医院里输液，我关了店门来护理她。当天上午十一点，他来街上往我家走。我忙跑到公路边说："姗姗生病了，我带她来看病，现在输液，家门已锁。"

说完交钥匙给他，听说姗姗生病竟无半点反应，接拿我给的钥匙就往家走去。

我以为他吃了饭出来，会来看姗姗一眼，顺便换我回去吃饭。不料，他吃饱饭后就逛街去了，至下午两点多钟，姗姗输完液，我们才得一起回家吃饭。

一九九八年四月初二多儆歌圩那天上午，姗姗又病了，带她到医院输液。因歌圩生意忙，我带她回家躺在床上输液。我边卖货，边照顾她。

下午一点他又来街上，一进家门就望见女儿在那里输液，但他故意视而不见、不闻不问，就从女儿身边走进厨房找吃去。

饭后出来又不望女儿一眼便出门逛街去，不讲自己女儿，是别人也应该打声招呼吧？

一九九八年底我去广东，每月发工资时叫学校出纳将四十五元零七角送到我家给姗姗作零用，有一个月出纳送钱到家时，他正上街到家里来，吃饭时便抢要去用了。姗姗少一个月没有零用钱，他这样有点良心吗？

数年来每年春节不曾见他给女儿姗姗买新衣新鞋过，连一个封包也不给过。几年来姗姗每年得几百元的封包，都是我和芝红、芝秀、卫元、国元所给，特别姗姗现在所穿的好的衣服和鞋袜百分之七十都是芝红和卫元买的。姗姗到广东读书两年来，卫元给的封包和零用钱已有一千多元以上了，所吃所住在枝妍家，学费杂费全部是我给的，她父亲一样都不给。

每次我从广东回去，隔壁邻舍的人都关心地问姗姗怎么样了，但是作为姗姗父亲的他从来都是不闻不问。

我讲给姗姗听："你应该记住你的姑妈和你的叔叔是如何对你，拿去和你父亲对比看看，谁好谁坏，谁应该值得你敬重，要分清是非，要识别爱和恨。"

本来对于梁保元的身世，我是不想把它揭出来的，树要皮人要脸，我也是一个要面子的人，但他对我的所作所为，很让我伤心到了极点，也就不顾得要什么脸面了，终于给几个女儿们写下了关于梁保元身世的公开信，信内容如下：

给梁保元的公开信

保元：

你并不是我的亲生儿子，你的生父是我的四哥梁兴勋，他虽然也是生于书香门第之家，也是富豪名人之子，是我的同胞兄弟，但他从小就生性蛮顽。

少年读书就经常逃学旷课，违反校规，在家不听家教，违犯家规，违抗父命，只读小学三年级被学校赶出校门，被严父赶出家门，过年过节都不得回家与父母兄弟姐妹欢度过，一年四季到处流浪。

解放初期，知道父兄都离家出走了，我四哥与你妈因我在外工作，又遇上“文革”时期很少回家，俩人睡在一起，怀孕并生下你这个孽种。为了避人耳目，你妈到水库去和我同居，企图蒙混过关。我正茫然时，我二姐和四妹却给我出了个馊主意说：“家丑不可外扬，你一讲出来，不但你四哥死去，大家都无脸见人，现在谁都不说出声，这胎就当作是你自己亲生的孩子，这样神不知鬼不觉，两全其美。”

于是我采纳了这个馊主意，真的把你这个孽种当作我的亲生儿子对待，尽力把你抚养长大成人，并娶妻又立业给你，把你那见不得人的身世来历隐瞒和保密了三十多年。谁知你这个孽仔不思悔改，你去强奸堂妹触犯国法，又虐待妻子，所以她离婚走了。我创立的家业被她带走了。我又多次再投资给你，都被你拿去送赌场了。

这还不算，最重要的是，你把我对你的三十多年的养育之恩，做出了“有恩不报，屙尿淋头”的忘恩负义的行为来。我曾多次被你拔刀要刺，要不是我多次得贵人相护，早就成为你刀下鬼了。现在我要把你的身世来历和你的狰狞面目及野蛮言行曝光，供我的子女知晓。此外，还作如下声明：

1. 现在应该把戴在我头上的这顶绿帽脱下来了，不再去承担这个孽子、强奸分子、劳改分子的父亲了，因为我真正的儿女没有一个犯有此罪，我是清白儿女的父亲。

2. 这封公开信，只供我家四个子女每人一份，暂不公开给外人知道。如果保元你能痛改前非，能尊重我，还可以作养父关系下去，其他子女也可作堂兄弟或堂姐妹和你相处，但不能以胞兄弟姐妹相处。

3. 今后你不能和卫元、国元、芝秀、芝红平起平坐，不能强行继承我的任何家产（按我所写的遗嘱去做）。

4. 如果你的态度和行为依然不变或者更加嚣张，我将这封信以及你的身世公开于众，而且还叫你退回建马鞍楼房时各人所给你的建楼款，同时退回你劳释回来后我所交给你经营经销款并交给法院处理。

此致

你的养父：梁高勋

2002 年 7 月 15 日于珠海

第三十九章　友仔光吃不干活　家婆受气好难过

二〇〇一年三月初二日，珠海市唐家镇梁卫元家出现了“养狗咬自己的脚，儿大不认亲爹娘”的悲剧，并差点出了人命案。事情还是桂林和臣山引起的。

臣山去年和今年前后两次到珠海市梁卫元的家，每次住两三个月之久，他不但天天都是只知道吃、喝、玩、乐，而且好吃懒做，游手好闲。

他不曾煮饭做菜或洗碗抹桌过，连卫元的小女孩他也不曾抱过一点，天天都是他妈妈这个年过六旬的老太婆边背小孩，边做饭菜，甚至端到饭桌摆好碗筷后，他才拿筷条进餐，吃罢他碗筷一丢便左手挟烟、右手拿牙签、跷起二郎腿看起电视来。看够电视后不是逛街就是午睡，或者跟卫元或德盛的送货车去游览珠海各地，根本不去找工作。

难为他妈妈这个老太婆不但天天要洗儿子和媳妇日日必换的衣服和鞋袜，还要背着小孩做饭菜、洗碗抹桌、打扫卫生等家务，最可怜的是每三天两头不是杀鸡就是杀鸭，全是这个老太婆背着小孩烧水拔毛，多么希望他帮手一下，可是他说他在家从未杀鸡杀鸭过，家务事全是由母亲包揽。

他妈妈更心疼卫元家几乎是餐餐两三菜一汤，不是鸡鸭就是鱼虾，不是扣肉就是烤肉。大虾和螃蟹去年是每斤四十至六十元，今年好些，每斤三十至五十元之间。喝的是高档名酒，三月初二日我们搬床铺时发现床底喝了酒的空瓶如下：每瓶售价三十元空瓶有九个，每瓶酒五十五元的空瓶有五个，另有二瓶未喝到仍是原装。还有从澳门进货来的每瓶批发价格六百元、零售价七百二十元的高贵名酒也有两个空瓶，其次每瓶五元的啤酒空瓶又有四五箱（因为春节后我们曾经卖过一次空瓶，现在这些空瓶说明是臣山来后才喝的）。

平时没有外人来卫元是少喝酒的，特别是啤酒，同时他早已戒烟，现在却买成条的精装红梅香烟来招待李臣山。

他妈妈常唠叨说："卫呀卫，你天天起早摸黑、日晒雨淋拼命找工，常常吃饭时手机一响急忙丢开饭碗赶去送货，回来时饭菜都被扫光了。可惜你的血汗钱来之不易的，你这样大手大脚，对你有什么好处？"

"你担心什么，我做得有给你吃你就吃，你带好孙女就行。别的不要再说什么了，臣山来这里是来玩的，你就不要说他了。他可是我的好朋友，我都不说，你还说他做什么啊。他在这里过一阵子就回去了。"

他妈妈是出于对儿子的体贴和关心才说的。

但他妈妈这些话却得罪了他这个媳妇，因此他妈妈被她瞪得眼球几乎要掉出来了。

婆媳自古以来都是难相处的，有些是因为婆婆自身的原因，平时唠叨太多，对媳妇过于挑剔，缺少包容，或者对媳妇的所作所为看不顺眼，媳妇跟她顶撞她就觉得媳妇没有礼貌，没有修养，是大逆不道，私下在儿子面前煽风点火，让儿子把媳妇赶走不可。有些是媳妇太小气，对婆婆要求过高，把婆婆当高级保姆来用，稍有不顺或者说话不注意就大发雷霆，怒火冲天，或在老公面前说婆婆的不是，加油添醋，目的是让老公把婆婆挤走才甘心。

更难容忍的是，有一次臣山约他在东莞打工的女友到珠海来玩，何桂林居然拿我的床铺和床上用品从我房间搬到客厅来给他俩睡觉。最不要脸的是，天亮很久了上班的人也全部上班去了，他们俩还睡着。

因为客厅又兼饭厅，饭桌就和他们的床铺同一个地方。他妈妈在桌边喂饭给小孩时，他们却在床上嬉戏玩耍、动手动脚。

他妈妈气愤地唾口水说："呸，不要脸。"这更得罪和冒犯了何桂林，所以她更加痛恨他妈妈，把她当成眼中钉、肉中刺。

每天下班回来不是发牢骚就是讲怪话，不是砸碗筷就是甩桌凳，特别有时他妈妈不得及时洗晒她的衣服，她就以打骂小女儿来出气，搞得鸡犬不宁，让你坐立不安，企图像去年那样把我们都撵回去后，才安排自己的娘家人轮流来这里享福。

再看她的姐姐何桂喜夫妇、何桂迷夫妇、何桂现、何桂珍和她们的父母，她的麦家亲戚阿姑、她的老襟臣山、她的朋友阿尼和阿汤……这些人经常你来我往川流不息地出入卫元家吃喝玩乐拿，为所欲为。

而作为卫元父母亲，我们却遭她和她的父母姐妹极端仇视和排斥。卫元也任由她指挥，因此他妈妈常哭道："宁愿回家去吃米糠野菜，不愿在这里吃鱿鱼大虾而受罪。"

叫我送她回去，为此今年三月中旬我写给何桂林一封信，内容大致如下：

望你不要欺人太甚，你怎么仇视我，我都要去，我跟我的儿子生活，名正言顺，谁也管不了，我也不怕谁，但卫元的妈妈不同，她承受不了你们的欺辱和虐待而经常啼哭，痛不欲生。如果她有个三长两短，你们是不会有好下场的。

你既然死跟卫元钻进我们梁家来，就应该学学梁家的规矩，就看卫元如何对待你的父母和家人，你也应该相应对待他的父母和家人，但我们可不是贪钱，不会向你伸手的。

要求你少进一点赌场，多学一点法律知识和道德礼貌。

我不希望发生“家庭战争”。尽量避免家庭破裂“妻离子散”或“家破人亡”。

所以，我特建议从现在开始各自都要作自我批评，改正错误，把过去我们之间的一切恩恩怨怨、是是非非全部抛弃。今后互相尊重，互相团结、友爱和关心，和睦相处，和平共处，争取做到家和万事兴。

但是，如果你不愿这样做，坚持和我们敌对到底，那么我必须郑重声明：我们辛辛苦苦抚养卫元整整二十年，并把我们一生的血和汗帮他铺就了一条通往珠海的道路，他是踏着这条道路走进珠海的，现在我们不必像修好路要设收费站收回成本那样，我们只跟他到珠海十来年可以了。

现我提出如下三点供你参考和选择：1. 把你的工资和卫元的工资分开，我只吃他的饭、花他的钱。2. 或者你可以和卫元暂时分开生活，我们已经老了，活不了多久啦。待我们都死了之后，你再回来与卫元同住。3. 或者你可以和卫元离婚，去找一个没有父母拖累的男人，像你这样能抽会赌样样精通、才貌双全的女人何愁找不到一个比卫元更好、更能干、工资更高的男人？以上问题何去何从，由你选择，望垫高枕头，认真思考而后行。

梁卫元的父亲和母亲共勉

2001 年 3 月 19 日

收到这封信后几天，她抱小妹回娘家去了。他妈妈趁机到芝红家约我带小外孙东东一起到儿子卫元珠海家，过一次无人瞪眼和仇视的愉快节日——三月初三和儿子畅所欲言一次。

第四十章 儿为面子指责我 家婆也被她冷落

三月初三我们到珠海时正是下午一点钟，卫元不在家。趁无事做，我先把我的床铺搬回房里原处。此时臣山逛街回来帮我搬两箱空瓶后他又下楼去了。

不一会儿卫元出车回来，不知为何气冲冲上楼来，一进门就责骂我："为什么搬这个床铺进房去？"

"搬进去今晚我要睡。"

"你打算来住多久？"

"他住多久，我就住多久。"

"搬床为什么不问我？"

"你不在，我问谁？况且我把我的床铺搬回原处，为什么要问你呢？"

"这个床铺是你买的吗？"

我气愤地说："蚊帐和棉被是我买的，是你从我的家中拿到珠海的，架床虽不是我买，也是从芝红家拿来供给我睡的。"

他竟说："是你拉来，还是我拉来？"

我忍不住大声说："难道我不如臣山？他是你什么人？他的哥哥李臣户欠我二百七十七块钱故意不还，还说你有本事告到法院去。现在二百七十七块钱不算什么，但当时二百七十七块钱比现在二千七百七十元还管用得多啊。”

“他哥哥欠你钱，关我什么事？”

他妈妈插嘴道：“如果他要杀你的兄弟或父母也说不关你的事吗？你对自己的真兄弟为何不那么关心？”

“我做什么不由你们来指挥，我长大了，不要你们管那么多了。你们在家吃不得跑来中山，又说姐和哥都不成，又跑到我这里来闹事。我不听你们了，我们几个兄弟和姐经常电话联系的，大家都是讨厌你们了，不欢迎你们了……”

“既然这样，你姐已向我说：‘如果大家都不给父母跟他们住，问他们要钱，四个子女每人每月给父母二百元作为养老生活费，爹妈就在自己家里，谁也不跟，或去敬老院住，我保证每月给二百元。’”

他却大声说：“我分文不给。”

我也大声说：“法律明文规定，父母对子女有抚养的责任，子女对父母有赡养的义务。”

“是呀，法律说你们有责任，我们只是义务的。”

我大声吼道：“反骨仔（白话）、笨仔、蠢材，责任和义务是同等重要的。”

“既然你不认我了，我也不认你，明天一起上法庭，由法院判决吧。但是我警告你们，陆朝辉权力够大，靠山够高我还告倒，不但退出贪污款，还受党内处分，我告不倒你们这对赌棍我誓不罢休。你俩把我马鞍经销店赌输光才被我赶下广东。这事左邻右舍有目共睹，人人皆知，又有人证物证，铁证如山。你们在珠海的赌博行为，唐家人谁个不懂？我也有人证物证在手。我一告，你们不坐牢，也要倾家荡产，不让广东公安把你们赶出珠海和赶离广东我誓不罢休。”

至此，他才不敢作声，但又转骂母亲说：“全部事情都从吓佬（土话母亲）出来，到处讲媳妇和儿子不成，现在又去搬爸爸来压我们，你心太毒了。”

又说："爸，你不是说自己有工资了，不靠儿女养了吗？"

他妈妈抢我说道："佬起（土话父亲）是有工资了，我无工资，没有收入怎么办？"

"你的心太狠毒了。谁来理你，你这样恶，还靠什么别人？"说完，他转身下楼去了。

他走后，他妈妈边哭边说自己命苦不想活了，生不如死了。我虽然也肚裂肠断般的难受，还勉强劝慰他妈妈说："我还领每月六百多块钱够我们俩的。"

她哪里听得进。

傍晚他下班回来，不知是怕我告状，还是受良心责备，买了许多好菜回来，并多次到房间喊我们吃饭。但我们气未消，谁也不想吃，只有他和东东吃。

饭后他走了，天黑好久我们带着东东不约而同一起下楼去，走到他打工的商场门口便一起坐在那里。他便走出来说："饭又不肯吃，来坐在这里做什么？"

听他这话后，他妈妈失声痛哭起来，哭声惊动了老板和许多服务员纷纷出来劝我们。

他妈妈更加放声号哭道："刚才我们在楼上，他说这层楼是他租住的，爱给谁住，就给谁住，分明是不给我们住，说我们心毒。现在我们来借坐在这里，他又说坐在这里做什么……我们不成啦，老了不成了，不中用了，子女都不要我们了，我们还活，做什么……"

他妈妈的话声声触动我的心，我也忍不住失声痛哭起来，此时生不如死的念头占领了我们的脑海，心肠断裂般的难受，两人带着东东手拉着手紧紧地一起向海边方向走去，刚走到唐家市场的新广场旁边。

芝红的儿子东东突然哭喊："我要回家睡觉，我肚饿。"

我才醒悟过来，不能让东东跟我们去受罪啊。于是，抱他，给他外婆先坐下来哄他睡觉。我边走进唐家新市场去买芭蕉来给他充饥，边想办法把东东托放哪里好？

深夜十一点半了，不见我们回家，他到处找不见我们，便回楼发动德盛夫妇和臣山，他们四人分四路寻找我们。后来是他在市场见到我们，他妈妈见他后放声号哭，哭泣声震动了唐家宁静的夜空。

德盛、阿汤、臣山立即向哭声汇集过来，最后由卫元和阿汤连推带拉，把他妈妈拉回租房，我也背起小外孙一起回去，当晚我们整夜哭泣不止。

三月初三起床后我立即打电话叫芝红火速到珠海来接东东回家。

卫元起床后首先给我一百块钱让我去买菜，又另给他母亲五十块，叫她买水果。

但我们的气尚未消，所以都把钱丢到桌上，不去理他。

他走后，阿汤告诉我们说："昨晚十一点卫元到处找不见你们，他慌了，恐怕你们出事，所以跑回来求我们分头去找。他说，今天他太气愤了，所以讲了很多过火的话，伤了两老的心，让他们接受不得，他讲话的声音十分颤抖。"

听了这话我的心开始平静了。中午下班后，他买回许多好菜，又重新把那一百块钱再次交给我，要我下午去买鱼，尽量好言好语讨好。

下午他下班回来，又亲自买许多鱼虾，特别买了一盒烤猪肉来交给他母亲说："烤猪肉你们少得吃，现特买来给你们俩，拿回房间两人尝尝吧。"

我们便心软下来，原谅他并一起吃晚餐了。

三月初四下午，我们一家三口第一次开诚布公畅所欲言了。

"我说我并不是反对或破坏你们的婚姻，也并不是在家没有吃而一定跑来跟你，只希望她能像对其他人一样，能尊重我们一点，肯和我们交谈、和睦相处，不赌钱，我们就满足了。只要不进医院留医，我就像数年来那样一分钱都不问你要过。"

他也高兴地将他在珠海的情况第一次讲给我们听。他说："现在并不怕老板炒鱿鱼，倒是老板怕我炒他——怕我不肯留下来帮他。"

"拱北有位大老板让我去他的公司开车，香洲也有一个大老板要求我到他的商场当采购和坐大办公室，都开给我每月三千元的高薪，但我不能见利忘义。因为原来是我现在的这位老板留用我，我才有今天。现他很需要我，我不该离开他。一直以来我都全力投入工作，很少考虑家庭问题。"

大家互相说出了心里话后，我们已经放心了，如果不等华华放假一起走，我们就回家。

但他妈妈说："现在他是好像想通了，但不知何桂林回来后是否能够这样？如果没有何桂林的拉拢引诱，没有她的坏思想影响，我们的儿子是不会有昨天这种情况出现的，不要高兴太早，还要看今后。"

就这样留下他妈妈在那里，我又带东东回中山芝红的家住。

四月一日桂林回来后，臣山和阿汤将三月初二卫元不认爹娘的行为告知她后，她得意忘形。

从此对他妈妈更加疯狂和肆无忌惮。

四月十四日我再去珠海，他妈妈哭诉："我天天按时给小妹洗凉，但她下班回来总说我不洗。有一次卫元正炒菜，竟命令卫元停止炒菜，快暖水给小妹洗凉。我再三说明刚才刚刚洗了，她故意不听。"

"每次她喂小妹吃饭时，故意骂小妹不认真吃，等下我去上班后鬼来喂你吃吗？"

"有一天，卫元去桂现处杀羊吃，带回一大碗羊肉。她和阿汤一起吃时不喊一声，卫元从房间喊我出来一起吃。我出来后阿汤没脸继续吃，便口含一块，手拿一块回房去了。我刚拿筷条坐下，她马上大声说阿汤来吃不吃，人家吃几块了，等一下你来吃骨头吗？说着，对我瞪眼。"

"第二天卫元把带回来的羊头和一些羊肉加很多配料后炖一锅羊汤。

吃晚饭时卫元匆匆吃后便上班去了。我因忙家务事不得及时入桌，当我忙完家务进桌时，刚吃两口饭，她便把羊肉汤连锅带汤拿到厨房去，才对阿汤说这点羊肉汤放柜里，等下阿盛下班后让他吃一点。”

“这分明说我宁愿给别人吃，也不留给你这老太婆吃。”

“当晚德盛下班回来后，是她拿那锅羊肉汤进德盛房间，与德盛、阿汤、臣山四个人一起吃，不叫我一声，吃完后把大堆碗、筷、匙羹和空锅堆放在厨房里故意不洗，企图给我洗。”

“我明知不洗，并试问阿汤：昨晚德盛得吃羊肉汤吗？”

“她说我不懂。”

“我索性说：狗脸，这帮游手好闲、好吃懒做的人，吃太饱了，连碗也洗不得了，四只碗四双筷条，难道谁吃我不懂吗？这些话刺中阿汤的要害，所以现在她也恨我了。”

“有一天桂林和臣山谈话时，她说：‘……反正小妹谁带都同样吃饭和花钱，给阿汤带她，还能帮我洗衣服和洗鞋袜啊。’”

“因为近来她太苛刻，我才不帮她洗衣服和鞋袜。本来她每天都有半天的休息时间，她都用来赌钱。如她不赌钱，完全有时间洗衣服和鞋袜的。”

“同时，阿汤来广东这么久都很少去找工做，特别今年春节至今，每天都是吃饭、睡觉、看电视和逛街。每当我不在时，就是她帮卫元、桂林买饭菜、洗衣服鞋袜等，因此她就与卫元、桂林同吃，这样可以节约她当天的生活费开支，又吃得好，所以她也非常希望我长期不在。”

“臣山在这里吃、喝、玩、乐近两个月之后，三月十二日不得不回去了。臣山走后，她埋怨因为我，臣山才走，所以不买鱼虾或鸡鸭了，餐餐几乎吃素菜，而她则早餐到外面吃，晚上我睡了，她们才买鱼肉来与德盛夫妻做夜宵吃，企图用这样的手段逼迫我走。”

听了他妈妈对我的诉苦，卫元下班回来后，我对他说：“因为桂林的欺负，你妈妈承受不了，我想和你妈抱小妹到你姐那里去一段时间。望你教育桂林一下，不要欺人太甚，我们都老了，活不了多久的，不要这样对待我们，最多等姗姗放暑假后，我们都回去了。”

他不言不语走了。第二天中午吃饭后，我再三问，他才说：“桂林不许带小妹去，因南洋蚊虫太多。”

我便说：“这样我就与你妈自去，但是我必须说明：我有工资收入，平时生活费用不需问你们要，最多病重留医才找你们。但你妈不同，她也老了，没有收入了，每隔两三个月给她寄一点生活费安慰她，让她愉快地安度晚年。不要样样请示老婆，全部由她管、由她指挥，特别现在去住你姐姐家，你必须每月给一两百块才得……”

我讲了那么多话，他又一声不响转身走，不明他中了何桂林的邪毒很深，非常害怕老婆。

所以，他妈妈索性说：“他们这样，我硬不走，如果他们逼我太甚，我就不活了。我死后，你要为我报仇。”

因此，我又写几个字要德盛转交给她们，内容如是：“卫、林，望你们不要欺人太甚，如果你妈妈有个三长两短，你是不会有好下场的。”

回中山两天后，我去电给他，再劝他时，他却说：“她不单对你们这样，对我也这样，我也常受她的气……我讲她都不听，难道给我离婚？小妹怎么办？我不知怎么办好，你们为什么要来吵呢？”

“你妈老早就叫我送她回去了，前天我不说了吗？让她回去后你每月寄给她一点生活费就可以了嘛，但你就一直一声不响。”

“我有钱才得给，现在买一缸煤气还没有钱，拿什么给她？”

他说到这里，我发火了。因为我经常看到他们三本存折，其中卫元那本还有一万三千多块，另外桂林那两本也近一万块了。同时卫元给芝红借几万块。特别一贯以来他经常放在床头挂包里五千至一万块，我和他妈妈曾经数过，也多次对他提醒，你衣柜有皮箱，有钱这样乱放，门又不锁，很危险的。

他说："谁敢要？"

他妈妈还和我议论说："放其他地方，桂迷、桂珍、庆义、臣山这些人来往，不方便他们使用。"

就这次桂林回去之前，那个袋还放着五千多元的现金和三本存折，但桂林回去之后，那五千元不见了，只剩下一百元零散新币和三本存折，而存折数目不增也减，说明此次桂林回去就带那五千元回去。

据国元来电说，她拿给国元二百元，这是我说国元留医叫他寄给一点他才给的。

由此，他对何桂林及其兄弟和亲戚多么重视，对自己父母多么苛刻？

现在我们十分痛苦，以前看过一部电影，名叫《决裂》，有句台词："一年土，二年洋，三年不认爹和娘。"

这句台词居然变成事实落在我们的身上，什么痛苦也不比"养狗咬自己的脚"之痛，什么难过也不比儿女长大后不认爹娘之难过了。

第四十一章　当初为他付心血　最后珠海路走绝

看了广东家庭杂志社出版的《家庭》总第 206 期第 39 页那篇《寒心：二十二年养育恩转瞬即逝》，文中叙述继母齐虹对丈夫前妻（离婚）抛弃的婴儿收为继子，她无微不至地抚育他。特别丈夫不幸逝世，抛下她和这个继子，当时她正处青春年华，完全可以离开他去组织新家庭，但是她却牺牲了自己，放弃了自己的青春和前途，含辛茹苦、默默地把所有母爱都奉献给他。她把他由婴儿带到幼儿园，又从幼儿园送进小学、初中、高中、大学，直至他毕业后找到了满意的工作，并有优厚的工资收入。这期间，她总共花了二十二年漫长岁月，耗尽了她毕生的精力和血汗钱。他，成人了，有名有利了，他却抛弃了她，离她而跑到二十多年来对自己不养不育不理不睬的生母身边，毫无良心地背弃继母，甚至他举行隆重的结婚时广请亲朋好友邻居参加他的婚礼，而没有请继母参加婚礼。

如今说说我这儿媳的由来：

我这儿媳（以下简称她）与我儿子（以下简称他）一见钟情，认识不到一周她就自动到我家与他同床，这种出轨的行为表现，给我留下坏印象。我忙送他到县城学开汽车，企图隔离她。她却跟踪到县城引诱他在县城租一间民房同居。

他学习结束才一起回来，结果，同班学员只花三四千元就懂开车了，而他由于被她去纠缠和鬼混，不但共花去七千多元，毕业后还不会开车，又花一千多元去跟一位老司机实习才能开车。

他实习回来后，她又晚晚来与他同床。我便叫他们到镇政府去登记结婚。他不表态，又继续同床。

后来他的朋友告诉我："他并非想娶她，但又落下了她的陷阱了，现无法摆脱她的死缠。"

我觉得这是违反法律的事，是伤风败俗、作风不正的行为。同时，她与他来来往往、进出我家这么久，从来不见她向谁打过一声招呼或讲过一句话，连我她也不放在眼里。

她也曾跟他去我们农村的老家马鞍屯过，不但对左邻右舍的人没打过招呼，对他的妈妈也从不讲过一句话，一贯鼻孔朝天、目中无人。

我劝他说："你做事要果断，要么就登记结婚，不想娶她就要断交，不能藕断丝连，更不能乱同床。"

他始终不作声，仍我行我素。

既然继续同床，我怕传出去我无脸见人，便托人到她家提亲，接着将我经营了多年的经销店交给他们经营。

她却趁我回农村老家的机会，纠集赌友到店里来赌博，并传授赌博知识和技术给他。不到两个月，货架上的商品只有卖出去，没有货进来，剩下的商品寥寥无几了。

邻居告诉我："她们晚晚赌至深夜或天亮，白天也关起店门赌，已经输了不少啦。"

我狠狠地批评他们了之后，无奈又从银行贷款一万元去进货。他又被她带到街上的其他赌场去赌。

一天上午得知他们正在文化馆里赌博，我忙赶去，果然见他们俩面对面坐着打麻将，各人口叼香烟，手正数钱付给赢牌人。此时，我气坏了，抽烟和赌博是我家家规严禁的，现在居然被她来带头违反了。

我马上回家盘点商店的商品。

“天呀，价值两万多元的经销店只剩下三千多元的库存积压商品，其他都被她们拿去葬送赌场了。”

我立刻把营业地方锁起来，不许他们出入。当晚我命令他要和她断绝来往，并叫他做好下广东打工的准备。

两天后他对我说，他要帮一位客车司机拉客去广东，顺便留在广东打工。

我同意了，并给他一千块路费当伙食及零用，叫他不要与这种赌钱的女人再通讯来往，并叫司机注意不给她上车。

后来才知道她强行上车跟去广东了。

一年多后我们到广东探亲，女儿芝红告诉我们说：“她已戒烟和戒赌了，不要计较她以前的过错。最好让她能进珠海打工，以免她经常去看他，影响工作和浪费车票钱。”

听女儿话后，我们都放心了，并且重新认可了她。不久，卫元的珠海老板有事到我女儿家。我趁机要求老板介绍她进珠海打工，老板立刻说可以到他的商场去卖货，讲定后次日我们便接她送到珠海。

一九九七年他俩失业了，但那是他嫌在商场工资低，虽然老板对他很好，给他很优厚的待遇，可他还是想出来自己闯。

他想开出租车又无钱交押金，写信回家求援，还说数月互不讲话了，感情开始破裂，她天天哭成一个泪人。

我千里迢迢赶到珠海调解，使他们破镜重圆。

问题解决了，我留在中山市帮芝红带小孩，此后我常带小外甥到他们那里玩。他对小外甥非常疼爱，常买东西给小外甥。他这点小破费却成了她的忌讳。

我也因此成了她的绊脚石，特别是她的烟瘾和赌瘾死灰复燃，晚晚约赌友到自己家来赌博至深夜或到天亮。

这些我曾多次提醒他说："你是开车的，晚上睡不够，白天开车不但易违反交通法规，也给自己留下隐患，对生命安全不利。一旦发生车祸，后果是不堪设想的。"

他听从了我戒赌又戒烟了，而她却死不悔改，在家怕我干涉就往外赌，彻夜不归。

有多次他说去喊她回来再关门睡觉，去后却被她拉住陪赌至天亮，我又针对她唠叨了。

我说："桂林，你也应该找一份工作做，光等卫元一个找钱是不行的，你这样不分白天黑夜地赌，不仅把身体整垮，还要连累到卫元。他整天开车回来，晚上又得不到好好休息，会影响他第二天出车。开车精力不集中，会容易出问题的，安全是第一位。如果你有心为他的安全考虑的话，就早些收手吧。"

她不仅不接受我的劝告，反而把我这些苦口婆心的话，当成是对她的不满，还当面顶撞我说："我找不找工作那是我的事，不适合的工作我是不会去做的。我在这里不吃你的，不穿你的。我吃的是卫元的，穿的是卫元给的，你少来操这份闲心。"

"我知道你是不吃我的、不穿我的，但卫元是我儿子，我有权利关心他，不想看到他早出晚归，又没得好好休息，我是为他的身体着想，哪有父亲不心疼自己儿子的？我也希望你别在晚上拉他出去搓麻将，他白天还要出车的。你不为自己考虑，也要为自己老公身体考虑吧，做人不能光为自己，况且他现在是家里的顶梁柱。如果他一倒，你们这个家就跟着倒，就跟着散了。希望你好自为之，别只顾着自己，将心比心，要懂得换位思考，替别人着想，替别人多考虑才行。"

她不再吭声，我知道她心里很是不服气，嫌我啰唆，在这里碍手碍脚，影响她搓麻将的情绪。

就这样她把我视为眼中刺，为了排除我，她偷偷叫她家姐来住。她姐来的那天，她叫他送我回女儿家住，把我的房间让给她姐住。

她家姐一来落地生根，住了一年多。她身强力壮，四肢发达，好吃懒做，游手好闲，是一只寄生虫，吃好睡饱，无所事事，打起妹夫的主意来。她常对妹夫挤眉弄眼，动手动脚，穿内裤露胸，躺在妹夫床上。深夜老人睡了，才起来煮宵夜与妹夫悄悄吃。她的言语举动与酒家的三陪女有过之而无不及。

去年底她声称回家，但到家只住一晚就回来，到中山后她明知乘公共汽车只花七块钱就到了，却要坐妹夫的车来回需要花二百多元的开支，进入珠海后途经丈夫家门口却不肯下车住丈夫家，宁愿多走至妹夫家才睡。

她擅自插手干预我们的家庭生活：去年她妹妹将分娩时，卫元把他媳妇送到芝红家分娩，方便芝红和住在芝红家的父母照顾，并交给父亲三千元作为坐月开支费用。

她又擅自跟妹来坐月，并擅自把那三千元拿去自己保管、自己支配。

我暗暗登记她每天的实际开支情况，结果总支不到一千三百元，结余一千七百多元占为己有。

去年底她走后，卫元才把我们接去同住，并把全家伙食费交给我负责开支。她回来后又擅自拿去由她保管和开支，企图重抄去年的旧业。

此外她俩姐妹对我们俩十分仇视和欺负，任意指挥我们洗屎尿布、杀鸡、洗她们的衣服，而她却坐着看电视。

有一次吃饭时她发现那碗好菜放在我们的面前，她马上瞪我们一眼，并伸手把那碗好菜移送到她妹妹和妹夫前面才说：“你们找钱辛苦，吃好一点，多吃一点。”

还有，她们教唆他只顾岳父母不理亲爹娘，几年来把他支援岳父家建高楼不知多少个五位数了，我家同样建楼房没得他分文帮助。

去年五月十五日我和他们一起回老家，他买两箱名酒和几件糖饼等食品随身带回去。

到家门口后，她和他耳语后就把所有东西搬到她娘家去，然后拿糖饼各一点点约总数十分之一带回我们家，这个天平秤头摆不平了。

这里不是说我小气，他孝敬岳父岳母孝敬老人是应该的，我并不反对，但孝敬自己的父母也理所应当的吧，虽然我对他和她的这种行为不明讲，但他的母亲就不同了，在他单独在家的时候，对他说："卫元，你这次回来带那么多东西，怎么就不知道留多点下来，我们家里也有老人，也有小孩，你不分三七二十一就拿过去大部分，回来也很少同家里人一起吃顿饭，你这样也不好，两边都要顾到的。"

其实，回去十天时间他们只在我们家一起同吃一餐饭，其余都是好酒好菜买进她娘家去吃。

十天过后，她家姐不想留在家做农活，也随他们一起坐车回到珠海开始过"寄生虫"般的生活。

去年十二月二日，他接我到珠海帮他带小孩。我到时，她们对我视而不见、不理不睬、态度冷漠，并投以仇视的目光。

十二月三日她姐夫每周来一次，这晚按时来了，一进门姐妹俩问寒问暖，姐姐忙生火做饭给丈夫吃，妹妹则说："不要拿旧饭菜来给姐夫吃，拿钱去买好酒好肉来。"

随手拿出一张五十元交给她姐，买好酒肉来吃罢，她又拿来鸡蛋煮甜酒留宵夜给丈夫，好像是在她的家花她自己的钱那样随便和得意。

回想昨晚我来和今晚他到的两种截然不同的对待，我忍无可忍了。

便叫她的丈夫来摆出这个情况，让他知道，并将她对妹夫的肉麻行为反映给他。

第二天她丈夫告诉她们后，她便大哭大叫、大吵大闹逼迫和唆使卫元与父母反目，把我赶出家门，强行送我到他姐姐芝红家住，并对他姐说："父亲在我这里多管闲事，挑拨我们襟兄弟引起矛盾，母亲也多嘴多舌、土里土气以及懒惰和怕苦怕脏。"

最后他怒气冲冲对我们两老说：“你们都不受我们欢迎了，你们爱去哪里就去哪，少与我们来往就是了。”

听了此话后，他妈妈泪流满面，大哭起来，边哭边说：

“你是用我的鲜血和泪水抚养长大的，怀你时是‘文革’时期，伯父被管制，父亲被戴高帽、游街、揪斗，我是黑五类家属，天天被红卫兵监视劳动生产，挺着沉重的大肚子被他们强迫出集体工，挑大粪，干重活，分娩你的那天上午还挑一担肥料上山种红薯，下午收工刚回到家便产下了你。因为是黑五类家属，无人敢接近我，肚饿了是我自己挣扎起来杀鸡和煮饭吃。”

“那年代样样凭票供应，我们家五口人每月只能发给每人一斤肉票，全月五斤肉平均每餐不到一两肉。全部留给你们吃，大人一点不敢吃。”

“你三岁那年因我们缺粮，靠吃国家统销粮，都是从外地运来的又老又难闻的旧玉米，你不肯吃一点，整天躺在床上，面黄肌瘦，奄奄一息。我到处寻医问药，还到大队哀求要一张证明买大米来给你吃，受到红卫兵干部的戏弄和刁难，曾多次昏倒在大队部门前。我抚养你多么艰辛啊！现在你长大了、成家了，找得点钱了，翅膀硬了，就忘恩负义，忘本了，就这样对待年迈的父母了。”

我接着说：“你是踏着我用血汗钱垫路走进珠海来，与你同届初中毕业的同学，中考落选后都自己成家立业或自己借钱、贷款下广东打工。我则花巨款让你学开车、去实习、两次下广东，将经销店给你……你成年后还花几万块钱，直到你有收入了，还不停地照顾你。几年前月收入一千多元了，你不注意节俭。一九九七年，你失业了，我又给你支援一万元。”

“你想想看，你们现在见几万块钱不算什么数，可是就我当了近四十年的教师，退休后月工资只领一百一十三元来说，几万块钱是我一世人的血汗啊……”

说到这里再也讲不下去，他也回去了。

珠海曾是卫元崛起风光的地方，但也是让他走向没落、穷得叮当响的地方。

如果说卫元能老老实实，安分做好他目前在超市拉货送货工作的话，生活还是过得不错的，当时老板也给他一定的股份，但蛇不足吞象。

他还是不知足，从一九九八年起和一些老板一起在珠海做海上走私生意，走私石油、香烟、酒类等，如走私五粮液，主要是为了偷税漏税，把进来的成车成车的五粮液运到公海，再从公海转回珠海的一些偏僻的码头，成为出口转内销，堂而皇之地销往全国各地。这种偷税漏税行为给国家造成了很大的经济损失。

加上当时的环境，如海关人员只要私下给钱，买通关长和中层领导，再给办事人员一些红包，大批走私货就随时可以通关，不受检查。甚至为了方便走私，卫元的那些大老板们还挖过地道，埋管走私石油，走私油进来后，冲击了整个国内市场，价格比正规的国有生产厂家还便宜近三分之一，变成了国有石油卖不出去，走私油大量涌进来的现象。

那些年整个中国沿海和边境走私很猖獗，中央才下决心打击走私犯罪活动。

在打击走私犯罪活动中，卫元和桂林两人在走私中投入的本钱最后血本无归。加上何桂林花钱如流水，赌博不知道停手，自以为老公在外面找得些钱就可以过得像富家太太，日无所事，麻将通宵，脸色苍白，弱不禁风，讲话却还是那么恶，那么嚣张，最后只好狭着尾巴，灰溜溜地回老家。

享得一时富贵，落得一身贫穷。

至今借姐妹亲戚一屁股债未还，信用社的贷款还挂账在那里，没有偿还，利息不知计有多少了。

现在他只能到县城帮别人开货车，挣一些生活费，勉强生活过得去。

老婆在家里也不出去找事做，还是在街上白天睡大觉，晚上找人搓麻将通宵，永远改不了恶习。

唉，找得钱的时候不懂得节约，东花西花，赌博不改和走歪门邪道，落到今天的下场。

当初，在他还找得钱的时候就已经提醒他，花钱要懂得节约，光勤还不行，还要懂得俭，勤俭才能持家，这是持家之根本。因此，有一句俗话说得好："不听老人言，吃亏在眼前。"

如今应验了吧，这能怪谁呢？

卫元回来后就跟我说过："当初找得钱的时候，何桂林懂事的话，能把我挣来的钱保管好，不拿去乱用，不拿去赌博，也就没有今天这样的处境出现。"

可惜世上没有后悔药可卖。

第四十二章　自幼外婆抚养大　自强自立闯天下

大女儿芝秀自出生后的第三年，即一九六五年五月份我就与她母亲罗棉离婚。

我想争取女儿的抚养权，但她外婆坚决不给，说："我外孙女我自己带，不能跟你这种"右派分子"，以免影响她以后的前途，她只能跟我在一起生活。罗棉再嫁也不能跟她去，她不跟你们任何一个。"

无奈之下，我只好放弃。她们也不要我出一分抚养费，就这样芝秀从小到上高中都是在她外婆家成长，是由她外婆抚养大。

直到一九七八年我第二次回六甲中学，也就是那年我的"右派"帽子得以摘掉，得到平反，芝秀也正好上高中。

为了能弥补这么多年来从未给过她的一点点父爱，我去她外婆家跟她老人家说："如今我已经得到平反，不再是"右派"了，为了给芝秀一个良好的学习环境，现在我也调回六甲中学任干事，就让芝秀跟着我去六甲读书吧。至于伙食费我来出，不用你老再操心。"

我这么一说，她外婆不吭声，过了好一会儿才说："芝秀去跟你读书可以，但你要对她好。我知道你现在身边也还带着两个儿女，芝秀去就是三个人等着你吃，你一个人的工资要养三个小孩也不容易。这样吧，芝秀每个月的米和茶油由我供给，你就出点零花钱和伙食费就行。"

就这样芝秀在学校里跟着我，也帮我带芝红和卫元。她作为大姐，在我忙时帮弟弟妹妹们和我洗衣服、煮饭菜，她很勤劳，长相又像她母亲年轻时的模样，身材窈窕，出落得十分标致。

有几次，她母亲到学校来探望她，看到她在帮弟弟妹妹洗衣服，心里很不高兴。在她回家的路上，正好碰到我从县城开会回来。一看见我，就语气硬邦邦地说："芝秀是来跟你读书的，不是来给你当保姆的，有你这样对待女儿的吗？"

"我没有把她当保姆对待，是她自己自愿做的，没人逼她做的。"

她不听我解析，恼火转身匆匆走了。

后来我因调回儆德中学兼任校办茶场场长，芝秀高中毕业后也跟着我来到茶场工作，直到跟德保铜矿的黄益成结婚，才调去铜矿。因她学历是高中毕业，所以铜矿领导安排她到业务科从事业务工作。

随着改革开放的到来，不甘在单位里守着那点工资的她，辞职下海，在西德县城租了一个三开间的房子作为门面，经营粮油食品批发。

刚开始由于资金不足，她通过银行贷款和向朋友老乡借钱，在第一次跟人打交道时，她一次进货结款付清，第二次熟了进货就采取先支付一部分，待这批货卖完再进下一批货，而结完上一批货。她的这种做法就像当年我在多敬收购茴油时的做法，如出一辙，确实有一定的经商头脑。

由于她经营讲诚信，价格合理，保质保量，热情待客，送货及时，生意十分火爆，一年销量达八百万元，目前雇有员工十五人之多。

通过三年的努力拼搏，她不但在县城买了地，起了楼房，还买了一部中型的货车拉货送货，第四年又买一部轿车，家里电气一应齐全。

有时她忙不过来，我还抽空去县城帮她看店，帮她卖商品。说句心里话，我也帮不上她什么忙，她所开的这店我也没有能给过她一点的帮助，很是惭愧。因为我当时也困难，虽然也开有杂货店，但她的几个弟妹还在读书，需要我的供给，而她的继母在乡下，虽然也开店，但都是给她的那儿子去赌博输光了。

在我的一生中总觉得亏欠这个女儿，虽然她理解我作为父亲的难处，也时不时周济我，和给她的弟妹零花钱，特别是卫元到珠海有难处时，向她伸手要求帮助时，她力所能及地帮忙，给他五万元。

她在我面前从来不提困难，即使有困难她也自己去克服。因此，在我的几个儿女当中，她作为老大，很是让我放心，我为有她这样的女儿为荣。

黄益成是西德县都安乡洞田村洞敬屯人，青年时到县铜矿当工人，现在是铜矿里的老工人了，在矿井下当爆破组长。

由于在矿井下劳作又脏又危险，我女儿芝秀靠自己和矿里领导熟悉及自己的人脉，在矿里是篮球队的主力队员，学历又是高中毕业，因此被安排在供销科当业务员，工作很出色，深得矿领导的赏识。她要求领导批准她丈夫到地面上工作，领导很快批准了。

但由于到地面上工作，工资比下矿井少，所以他说："同样八小时工作，在地面的机关里工作，每月只领五百多元工资，我在矿井下已领每月一千多元了。"

他还是回矿井下当他的爆破组长。

益成个性憨厚老实，沉默寡言，工作踏实肯干，不管在自家中或在单位里从不得罪人，从未见家中人或单位里的同事说过他的坏话。他既团结亲属、尊敬亲属、关心亲属，对待人接物也非常讲道德、讲礼貌，几乎每年都被评上先进工作者、优秀共产党员。

益成更是一个很孝顺的人。在他小的时候，他爷爷共生有四男三女，他父亲是第三，其中第二个就是他的二伯父。因为从小生出来眼睛就瞎，长大本该成个家给他，但他爷爷说一个瞎眼，自己都顾不来，以后拿什么来养家糊口，就一直没有给他找一个媳妇，让他成个家。

他二伯虽然瞎，但人很聪明，学会一手好的木工，经常去给人家建房做木工，生活上还能自己照顾自己。但益成的父亲怕二伯老后没人管，就在益成小的时候把他过继给二伯，以后为二伯养老送终。

益成和芝秀结婚后，经常回家看望他老人家。老人生病，他们带他上医院，小病就买药回去给他。在他二伯不能自理时，为他洗澡、洗衣服，尽一个儿媳的责任和义务，直到他二伯过世。

每次我去铜矿他们家，他都匆匆到市场买早餐和肉、菜回来放好，才去上班，或每次下班后就直接往市场买好菜回来，总怕芝秀不好好招待我。

最感动的是一九九七年我和保元到他那里去买小猪仔，他不但请假一天带我们走村窜屯去买回六只猪仔。次日早晨，我们已约定好将小猪仔带到公路边等车。车到了，他帮助我们把小猪仔送上班车顶并绑好后，等车开走了才离开。

同时，他自己教育他的两个女儿要尊重外公，对待外公要有礼貌。

由于他以身作则，他两个女儿都非常尊敬外公，学习也很认真。如今两个女儿都有了自己的工作，现在他们家里生活既幸福又美满。

第四十三章　外表看似人才来　不求上进无人睬

王政行是本县都安乡伏安村伏里人，自幼丧母，因此父亲长期离家外出东游西荡很少回家。

外婆心疼而带他到自己家——棋江屯，把他抚养长大并送上学。从小学一直到中专毕业全靠外婆供养。他实际是成长在棋江屯，应该算是棋江人，他的外婆比父母还亲，没有外婆就没有他。中专毕业后，分配到县铜矿一号矿井，任安全检查员。

他的体形、相貌和身材，从外表看确实是一表人才。

他在自己亲戚朋友或者在他的单位里，经常是夸夸其谈，口才流利，又油嘴滑舌。

他鼻高脸厚眼又大，活像一位高官厚禄的大人物，经常大摇大摆胜似大干部的模样和风度。

可是他的工作和学习、生活和为人处事、接人待物几乎样样都倒数第一。

据了解，当年和他一起分到铜矿工作的同学、同事，只几年时间个个升职提薪，特别有一个名叫黄廷壮的，是他的技术学院同届同班的同学。他这个同学和他一起进到铜矿工作，但黄廷壮在矿里工作认真，任劳任怨；又在工作之余自觉学习，花两年时间得个大专函授毕业；又能写出一手好文章，得到矿领导的赏识；加上他本人专业技术过硬，很多次在矿井下面排除险情，为矿里减少损失；在矿里的技术革新上，他能利用所学的专业知识，刻苦钻研，成绩显著，在领导和职工面前谦虚又有礼貌，才五年时间，他就被矿里提为副矿长。

只有他骄傲自大，自以为是，目中无人，看不起同事，看不起领导，得过且过。

工作上不服从领导安排，作为安全检查员，领导让他到井下去检查线路和顶板安全不安全、有没有透水、有没有潜在的问题。

这本来就是他工作职责所在，但他从不把安全放在心上。

有一次，他戴个安全帽，穿着工作服，坐着矿车到井下，东看看西看看，转了不到一圈，觉得井下空气沉闷，便匆匆忙忙地又坐矿车回到地面。在他刚到地面不久，井下就发生透水事故，幸亏井下矿工及时发现，快速坐矿车上来，才得以逃避，否则迟五分钟就会有人被淹死在下面。他因此被矿里记过大处分，降一级工资，并通报全矿引以为戒。

不思上进，思想落后，怪话连天，牢骚满腹，所以人家提职提薪，他无所谓，故步自封，依然如故，后来停薪留职下广东。

一九九〇年已到广东高州新峒卫生院工作的女儿芝红，因被张春风欺骗，放弃工作追他回到多儆。回到多儆后，谁知张春风又移情别恋，找别的姑娘恋爱去了，芝红被他抛弃而失恋。看到女儿整天愁眉不展、不开心的样子，我也很替她担心，恐怕她有什么想不通而行短路。

为了让她放松心态，我便带她到铜矿找她大姐芝秀，看能不能帮她介绍一份工作。

初到当晚，芝秀杀鸡杀鸭加菜接待父亲和妹妹，顺便喊在铜矿一号矿井工作的熟人来同桌吃饭，互相认识，王政行也在其中。

吃饭时，芝秀随口对王政行讲笑话说：“政行，你是干部，熟人多，帮我妹找个工作，如果找得，就将我妹嫁给你。”

说者无心，听者有意，随口说："你妹这样的人品、身材，最多是吃饭后帮洗碗抹桌子成，其他还能做什么？"

嘴巴虽这么说，但是口水已经垂涎三尺了，晚饭后便死跟蛮缠扯谈至深夜，才依依不舍地回去睡。

第二天、第三天一下班，甚至不上班也到芝秀家来，死皮赖脸地纠缠芝红不放，好似古藤缠树枝般。

从铜矿空手回来，我又与高州卫生局联系，他们同意再次安排之后，我第二次亲自送芝红到高州卫生院。不久，政行便尾随到高州强行与芝红同居。

一九九一年我得知黄文团到中山三乡卫生院工作，我便与他联系写信叫芝红找他，结果芝红去后，却自己找到珠海市骨科医院，在那里工作一段时间后又转到部队门诊部当护士，最后一次又跳槽到中山市南洋医院至今。

当政行知道芝红固定在南洋医院之后，便与铜矿办理停薪留职手续，到南洋与芝红同居，到南洋一年多时间里不肯找工作，天天游手好闲、好吃懒做，等老婆供养，当"寄生虫"。

因此，芝红曾一度灰心，想和他分手，却被他威胁说："你知道那年多儆那个名叫阿燕的女教师被杀死的原因吗？就是变心被杀的，杀死她的人就是我同屯又是我的最好朋友，虽然后来他也在追捕中被击毙，但值得。"

"难道现在你也想这样吗？如果你变心，我首先杀死你父母及全家人，让你见到之后，再干掉你，我起码赚你几个再自尽。"

听他说此话，我那一贯胆小的芝红早已魂飞魄散了，不敢再提分手的事。

所以，她曾写信将情况告诉我，信末尾这样说："为了父母及全家人的生命安全，我不得不忍辱负重、忍气吞声和他成亲下去了。"

这是芝红对婚姻作出无奈的选择，作为父亲看到自己女儿这般无奈的生活，心里就像被刀割了一样的痛。

天下哪个父母不希望自己的儿女，婚姻过得开心、过得幸福啊。

说他游手好闲、好吃懒做和无家教没礼貌事实如下：

他来广东至今近十年了，当“寄生虫”几年后，在老婆托人帮助、好不容易才介绍他到中山市内一家工厂工作，做不到一年就被炒鱿鱼了，又缩到老婆的身边当“寄生虫”多年。

一九九七年小阳阳出世之后，当上父亲了，还是“寄生虫”。一九九八年芝红托单位的同事贡秀连，叫她的丈夫介绍他到广东顺德市一家银行当保安员，月工资达一千二百元。

谁知他这个不争气的人并不珍惜这份工作，经常三天打鱼、两天晒网。例如，一九九九年我有一段时间有意登记他的出勤情况，他上班一个星期就回来住十天或两个礼拜，经常如此，月月这样，结果做得一年多便被炒鱿鱼了，就这样又回来当“寄生虫”。

他到广东后的十年时间里，只得出工不到两年，当了八年的“寄生虫”。

二〇〇〇年芝红叫他到珠海和弟弟卫元那里借四万块钱回来租一家发廊来做，人家搞发廊是自己当师傅，只招洗头工。而他不会当师傅，只想当老板，结果光请师傅每月师傅工资就一千多元，还有几位洗头妹的工资、伙食、房租及各种税费月支不下七千多元，入不敷出。

芝红又出钱让他到中山市美容美发培训班学烫发和剪发技术，想让他学回来后能减少顾请师傅的工资开支，料想不到，花几千块钱学习回来后依然如故。

不知他学不懂，还是怕替人整发当师傅丢人，始终不肯动手，连学习期间所配用的工具和理发布拿回来乱丢。

这个发廊至今芝红月工资和资金全部赔进去完了还不算，现在芝红欠下整整七万多元的债务（即借卫元四万，借我一万，借攀护一万，又给我帮贷款二万五千元，贷款回来后赔卫元一万五，实际上现还欠整整七万元欠款）。

债务高筑，老婆面黄肌瘦、愁眉苦脸，他居然继续吃、喝、玩、乐、赌，过着花天酒地事不关已的生活。

只一赌气就丢两万儿，从他的谈吐我才得知，原租的那家发廊房东想提高一点租金，他则忍不得一点求人的姿态，你提高租金，我就不租你的。

于是，搬出来另外再租一家。

可是他并不知，租第二家光装修就花去两万五千多元，而且第二处租房不在显眼的黄金地带,生意自然比原租地差了成倍。如果能求人一点，人家叫每月多两百，好讲最多多一百，就不会挨花两万多再装修了，芝红就少那两万贷款了。

老婆债台高筑，他却高忱无忧。看他每天的生活情况，每晚进赌场，三更半夜，甚至天将亮才回家睡。早上最早十点，最晚十一、十二点才起床。

起床后听音乐、看电视，厌倦了去逛街，饿了回来找饭吃，下午或睡觉或听歌或看电视，厌倦了再逛街，饿了就回来找吃，好吃如何？他从来当餐并不吃饭或粗菜，专门吃鸡鸭和肉鱼，喝好酒，腰佩大哥大。特别吃饭时不管大人或小孩，不理你亲戚或朋友，吃菜东捡西抓，只顾填自己肚皮，哪管别人得不得吃，那个吃相像猪吃食一样。懒做如何?菜不买，饭不煮，饭菜未熟看电视剧，饭菜上桌他才吃，吃了连碗也不洗，洗碗抹桌等年已七旬的丈人来做。

下面写一首顺口溜概括他的所作所为：

我家的这位女婿

我家的这位女婿
原是西德铜矿的
虽是小小安全员
也属国家干部的

因为太英雄主义
以为自己了不起
平时工作不踏实
还把别人来轻视

一起工作的同事
他们虚心又积极
只在短短几年里
个个都升职提级

他还有个怪脾气
看见人家有成绩
还不检讨好自己
反把他们来妒忌

芝红工作很积极
他说她生活小气
她得提升护士长
他说她是假积极

回忆他首见我女
评论她体弱身细
狂言她不如自己
口水却垂涎三尺

次日就表达诚意
从此工作无心机
天天旷工来见你
胜似古藤缠树枝

我女下广东行医
他便搞停薪留职
拼命跟到广东去
强行与我女同居

天天等着老婆吃
劝他要找事做去
他硬是不睬不理
说多了还发脾气

每天起床看电视
看厌就开 VCD
柴米油盐他不理
你煮熟来他就吃

我女开始有厌气
想提出与他分离
他却凶残威胁你
若是变心整死你

他还举了个实例
多儆小学女教师
只因婚姻变心的
情人把她杀死去

凶手与我最亲密
和我就是同村的
虽然他也被击毙
同归于尽但也值

如果你要提分离
杀你全家作垫底
然后再来收拾你
最后我再作自毙

女儿来信给我知
明知与他结婚的
终身将有害无益
否则全家难逃避

看见我女不敢提
从此更洋洋得意
生父丈人看不起
好吃懒做混过日

看他嚣张好神气
身穿名牌西革履
腰别名牌手提机
原来无所事事的

他是缺德又无理
从来未叫爹一句
吃菜筷子乱挑剔
专抓好的归自己

从不吃粗菜和米
专吃酒肉鸡鸭鱼
桌不抹来碗不洗
留给丈人大清理

去年的十月一日
他与我女去石岐
女儿买只大烧鸡
想让俩老都尝试

我和爱人把饭吃
便叫他俩自己吃
女想留给我们尝
只吃两块便离去

此时剩他自己吃
我们在旁看电视
一口酒来几口鸡
狼吞虎咽只管吃

粗菜和饭他不吃
两眼只往鸡身视
不理三七二十一
吃罢剩爪和尖翅

他下广东数十日
整天在家看电视
其次就是睡和吃
都说工作难找矣

下面我来举几例
只说元旦这几日
有个工厂做电子
招工启事贴遍地

我看招工项目里
对他有几样合适
我急忙去告他知
他都是置之不理

又隔了不到几日
镇府张贴招工的
招收城监管理员
工作又在南洋的

我让女儿告他知
抓紧报名试一试
他仍然置之不理
躲在家里看电视

他儿也跟他脾气
在家饭菜不肯吃
专往别人家中去
望人吃饭口水滴

我说他这是嘴馋
就把他抱回家里
小孩便哭哭啼啼
他却骂我老东西

第四十四章　小儿贪玩也肯学　一技之长创家业

国元初中毕业后就不想再读书，整天无所事事，逛溜溜，长时间都花在桌球台上。

为了不让他再这样玩下去，我在吃饭时跟他说："国元，你既然不想读高中，一天总是这样出去玩桌球也不行啊，以后你还要成家，到时还要养家糊口，你不找点事做到时怎么办？别像保元现在这样成了家却什么也不做，依赖别人养，我不希望你跟他那样，没有上进心，没有责任心，这样混日子永远没有出息的。"

他听我这一番话后，沉默许久，才说想去学电器，说修理电器赚的钱会更多，像多儆街上的阿健师傅那样。

我想想他说的也有道理，让他学有一技之长，总比在家这样整天溜达好吧。

我拿出四千元给他去技术学院学习电器修理。在学校的两年时间，国元还是能静下心来认真学习，肯于钻研，善于开动脑筋，不耻下问，进步很快，在学校还被评为优秀学生两次。

经过两年的学习归来，又让他跟街上电器修理师傅阿健当学徒，多熟悉电器相关原理和实际操作，为自己独立门户打下坚实基础。

一年后，他感到学得可以了，可以自己单独开店了。

我就把街上一楼经营的杂货店腾出来给他当铺面，于是开始了他的维修事业。一九九七年三月份我把经销店也交给国元一起打理。

由于他技术不错，善于钻研，经他修理的电器都能起死为生，顾客满意，于是一个传一个，他变成在多儆街上小有名气的电器修理师傅。

在收费方面，他不是满天喊价，而是适当地收，如零配件只以成本价的百分之十收，修理费也比别人少十元左右，别人收三十元，他才收十五到二十元一台。

因此，他的修理店经常顾客盈门，特别是街天，乡下拿来的电器，都愿意排队等他修理。

在服务上，他能做到只要有顾客打来电话，不论离街上多远，他都能上门修理。如当时实在修不得，他就用摩托车拉回店里，待修理好后再送上门给人家，并安装调试好后再回来。

对于那些有困难的群众，因手头紧或一时没有那么多钱给，他都能延期时间，什么时候有就什么时候拿来，如果实在没有的，他也没有主动去要。

特别是那些孤寡老人，电视机坏了没钱修，他知道后主动上门去帮修理，不收一分钱，很让那些老人感动，都说多敬街上的国元师傅手艺好，人更好。

慢慢地他也存有了一些储蓄，到他结婚时所有的费用都是他从修理电器中赚得的钱支出，我只出了两头猪。

婚后，他们夫妻俩一直勤勉工作，夫唱妇随，生活过得很惬意。

虽然他有时也会去参与赌博，但尚能控制住不赌大的，只当作娱乐而已。俗话说：“小赌怡情，大赌伤身。”这个道理他还是懂的。

国元除了修理电器外，在不是街天也不是很忙的时候，他还抽出时间自己去买一台拖拉机在农忙时，给人家耙田犁地。按每亩收取费用五十元，一天下来他除开其他费用的支出外，净收入可达四百元左右。

但也有相当一部分家庭由于种种原因如家里的劳动力特别是年轻人都到广东打工去了，留下一些老人和孩子在家，也就是留守儿童和老人，犁他们的地都是先欠数，待到春节在外面打工的人回来才给，这样国元就得先垫支。也正是他给予那些困难户优惠，他的拖拉机工作量总是排得满满的，他的收入也跟着涨高了，他这种多种经营搞创收还是很有远见的。

他能这样过，我也放心了。虽然比不上他大姐，也不像他二姐有稳定的收入，但起码不像保元、卫元那样混日子让我操心。在此，因感悟而写下几句顺口溜：病树容易枯，懒人永受苦，同是父母生，有贫也有富。

再说国元经过自己的不懈努力，生活上过得越来越好，信用社的存款一直在往上升。

国元不仅是一个乐于助人的人，更是一个献爱心的人。每年的“六一”儿童节，他都自己掏腰包买学生用品和体育用品送给马鞍小学，重阳节又买营养品送给村里的孤寡老人，并每人送上二百元的红包，让那些老人高高兴兴过个快乐的节日。由于他乐于做善事，乡里推荐他当选西德县政协委员，县工商联又给他加入工商联成为会员，并推选他为工商联兼职副主席。二〇一四年他拿出三万多元为僦德镇中心校买二百二十套桌椅，他的爱心举动轰动了整个西德县。

而他的兄弟保元与他相比简直相差十万八千里，懒性不改，赌性不改，一天到晚不务正业。经常没钱花或赌输没钱就跑到街上来找国元借钱花或是拿去还债。保元明说是借，其实都是老虎借猪，有去无回。

开始国元五十、一百的给他，并劝告他说：“哥，你还是出去找工做，不要再赌了，十赌九输，没有哪个赌能发财的。”保元在要得钱后总是在国元面前信誓旦旦说：“好老弟，这是最后一次，以后哥听你的，不再赌了，再赌就让你砍掉我的手。”

就这样共骗了国元二万多元钱。

开始国元不敢跟我说，后来见保元来要借越来越多了，才跟我说。

我真不敢相信保元为了跟他弟借钱想方设法说谎话，只要能骗钱到手，跪下求国元都愿意。

我对国元说："国元啊，你挣钱不容易，别被保元利用了，他是没法改的。俗话说:狗改不了吃屎。他就属于这种人。爸爸为了他费尽了心血，但到头来他是怎样对爸爸的你也看见了。他在利用你的好心而变本加厉，他就好像一只蚂蟥，吸人血不吐的人。你不能再给他钱了，给他也不会感谢你，只能让他越来越懒，越不想做工。一天到晚总是想着去赌，总想去翻本。这种人你不必再去帮了，再帮下去，连你总有一天也被他拖垮。"

国元听我的话，不再把钱借给保元，就是在国元面前再跪也没用。但保元这个十足的无赖，看见以前伎俩在国元没有效了，就回家动员他妈妈来跟国元要。

他妈妈在国元面前找借口说要买化肥啊、农药啊，国元不明就里，开始也给他妈妈几百元钱。但后来见他妈妈要的次数多了，就怀疑他妈妈是不是跟他要的钱，是拿去给保元的？有一天一大早，他妈妈急匆匆地赶到街上来，开口就问国元说，要借五千元。

国元问她要那么多钱去做什么，她支支吾吾地说："保元病重住院，要拿去交费。"

国元听他妈妈说是保元病了并住院，二话不说就去卧室里取钱准备和他妈妈一起看保元。

但他妈妈却说："国元啊，你生意那么忙，就不用去了，你拿钱给我去交就行了，到时如果你哥病有什么变化，我再打电话给你。"

国元执意要跟去，他妈妈硬是不给。

国元担心钱交给妈妈怕在路上搞不见或怕被人偷走，就跟他妈妈说："妈，还是我跟你一起去吧，这样路上安全，我哥病了住院，我更是应该去看看才是啊。"

他妈妈见国元坚持要跟着去，马上眼泪飘出来，哭着说："国元啊，妈不瞒你说吧，你哥昨晚去赌，半夜被派出所抓去了，说要交罚款五千元才能放人。妈求你了，就再帮你哥一次吧。你爸现在不理保元了，你再不理他，就没人能帮他了。你那新大嫂跑了，扔下刚生下不到三个月的孩子给他，光我一个怎么带得啊。"

国元本来心就软，听他妈妈这样一说，也只好把钱交给他妈。

人啊，好心有时总被自己的亲兄弟利用，这不是跟我以前和现在一个样吗？

第四十五章　病重住院妻不来　她病我却付出爱

二〇一四年五月的一天早上，我踩着一部二十八寸的单车从马鞍老家到多儆街上买鸡仔，在距离街头还有五百米的时候，单车后轮漏气。我下车来看看，突然头感到有点晕。我急忙把单车拖到路边架好，刚想弯下腰来看一看，喉咙有一股热气顶上来，嘴巴一张，吐出一口带着腥味的口水。我往地上一看，是一口淡淡的血水。接着又吐出第二口，这一口比前一口较浓，红红的。第三口又接着吐出来，再看看几乎是成块的血，顿时我感到天昏地黑。我脱下鞋子垫在屁股下，坐在地上，想着如何叫人，因为天还早着，路上没看到人走，也听不到人讲话声。我拿出手机来，找到梁保元的电话号码，想用手指揿，但手指不听使唤，久久都揿不下去，一点力气都没有。

这时候前面开来了一部三马仔，也就是三轮车。我用右手向着三马仔摇摇，三马仔慢慢开过来到我前面，是一个女司机。我跟她说："妹子，我现在头晕，请你带我去卫生院一下。"

她下来看看，一看到我身边吐着的血，立马说："阿爷，你在吐血，我没能带你去，我害怕血，你另叫人来吧。"

说完，也不管我的叫声，急忙开着三马仔飞离而去。

我有些失望了，脑里想着："是不是我今天要尸横路边了？"

身体越来越觉得沉，呼吸开始有些困难。但人还是清醒，急中生智的我推着单车向前走几步，离开那摊血水。

在我东想西想的时候，后面开来了一部三马仔，我有气无力地举起右手向着三马仔摇摇。三马仔“咚咚咚”地开到我身边停下，是一位中年男子。我气喘吁吁地跟他说：“老弟，我是多儆中心校的老师，我现在身体不舒服，麻烦你送我到卫生院一下，车费我会给你的。”

他二话没说，立马下车来，扶着我上车，并把我的单车也一起放到车上，“咚咚咚”地开往卫生院。

到了卫生院，他把我单车放下来，推到车棚放好，又过来扶我进急诊室。一进急诊室，医生和两位护士匆匆过来扶我上床，给我检查身体，问我情况。当知道我是吐血的时候，可能感觉到我的病相当严重，给我输液吊针，此刻，我还不忘从口袋里拿出一张五块钱来交给三马仔师傅，并感谢他的及时帮助。

他收下钱后看看我，问：“阿叔，你有手机吗？打给你家人来看看你才行。”

我说：“有啊，刚才我想打，但就没有力气摁。”

他说：“那让我来帮你打吧。”

“好啊，谢谢你了，小兄弟。”

我把保元的手机号码讲给他，他打过去，接通了交给我。我对着手机跟保元说：“爸爸现在在卫生院，你在马鞍，过来一下，医生说可能要转院到县城。”

“我现在没空，忙着要去打鸟，你打给国元，他不是在街上吗？”

我知道国元是在街上，但昨天他跟我说要去南宁进货，让我今天有空到街上来帮他看店。我本来想今天来赶街买鸡仔，顺便上来帮他看店的。

看来指望保元是没有希望了，我再让这位好心的小兄弟帮我打给卫元。我知道卫元现在在西德帮人开车拉货，打给卫元后，我就跟卫元说：

“爸爸现在在多儆卫生院，医生说病情相当严重。你如有空现在就到多儆卫生院接爸爸去县城医院。”

卫元一听我病，马上说：“好的，我现在就打电话让急救车去多儆卫生院把你接上来，我也一起去。你先在那里好好休息，别乱动。”

打完电话，我再一次感谢那位师傅。他知道我儿子马上来了，才说：“阿叔，那你在这里等你儿子来，我先走了。”住进西德医院后，经检查，病情相当严重，是胃大出血，还有肺部严重感染。我躺在病床上，昏迷了两天两夜，医生已下了三次病危通知书。

当时我只能通过吸氧和输液维持生命。在病重期间，我头脑还比较清醒，以为可能挨不了多久了，就把后事交代给守候在身边的女儿芝秀、芝红、卫元、国元、孙女姗姗。

保元和他母亲陆玉莲在我病重住院时从来不来探望过，哪怕捎来的一句温馨的话都没有，对于此事我是耿耿于怀。

人家说老来伴、老来伴，我病重躺在床上二十五天，都没来陪伴过，孽子保元更是不见踪影，更不用说得到他煮或喂上一口水、一口汤。

所以，我对守在身边的姗姗说：“孙女呀，你是我的亲孙女，但我不是你的亲爷爷，只要爷爷还活一天，都会爱你疼你一天。你的亲生爷爷是你爸爸保元的亲生父亲，也就是已世了的我兄弟四哥。如今爷爷不知道还能挺得过这鬼门关没有，干脆就把这个秘密提前跟你说，让你知道你父亲是怎么样的人，是怎样对待爷爷的。”

“你父亲不是爷爷亲生的，但爷爷对他的爱、对他的付出，比两个姑妈和两位叔叔多多少倍，而他对爷爷的回报总是那么蛮横无理，对爷爷只有索取没有付出。爷爷老了，说不定哪天就这么走了。爷爷把这事说给你听，你不会埋怨和恨爷爷吧？”

姗姗听了泪流满面，她也知道她的父亲对我一直不尊重，对她也不关心。

沉默了一会儿，姗姗对我说："爷爷，不管以前、现在、将来你都是我的亲爷爷，是你从小把我抚养大，供我读书直到上大学，你在我心中永远是最伟大的爷爷。你安心养病，老天会保爷爷病好的。我还要等爷爷病好后，明年到邕宁参加孙女的结婚典礼呢。"

姗姗的话让我很是开心，是的，为了能活着看到孙女结婚，为了满足她的这个小小的心愿，我要坚强地活下去。不管她爸爸怎么对我，她奶奶怎样对我冷漠，现在有女儿、儿子、孙女守在身边，我不能辜负她们的期望。

也许因为亲情的力量，让我增强了战胜病魔的信心，奇迹终于出现，经过二十五天的治疗，我还真的从死亡线上回来并出院回家。第二年我真的能去邕宁参加孙女姗姗的婚礼。

我得感谢我的孙女、我的两女儿和两个儿。由于她们日夜照顾，才让我有活下去的勇气。

自从出院后，我就一直住在多儆街上，除了去一趟邕宁参加姗姗的婚礼之外，马鞍我再也不回去了。

我跟几个女儿说，以后死也在多儆家里，不要把我送回马鞍，那里已经没有任何东西值得让我留恋了。

虽然说叶落归根，但我从出院回多儆到现在，老太婆与他的儿子保元在马鞍都没来多儆看我一下，问候一声，好像与我是陌生人一样，不再是父子，不再是夫妻。我好心寒，俗话说："树老怕枯，人老怕孤。"

我对她的忍让、对她的关爱已不少，到我老、到我生病，她连过问都不过问，怎么叫老来伴啊。

二〇一五年七月国元的大女儿和卫元的儿子小学毕业，他们都想让小孩能有个更好的读书环境，选择到县城中学。为了照顾他们俩，九月份开学我也跟着到县城来陪，一方面看好他们，一方面是周末带他们回多儆，不让他们玩得太野。

我在县城租了一个两房一厅的屋子，有时下雨不回去就在县城里住，这样我也过得相当悠闲自在。平时没事就干老本行，就是帮人写写诉状、打打官司，搞一点外水。

二〇一五年十一月九日的中午，国元从多儆给我打来电话说，妈妈病重，正在乡卫生院住院。我接到电话后立马坐班车赶回多儆卫生院。

在卫生院里，医生说："陆玉莲病情相当严重，肺部感染。我们卫生院医疗设备简陋，最好能到县医院检查。"

听完医生的话，我回到病床前，面对老太婆，此时她正在睡觉，看她一脸憔悴的样子，说句心里话真是别有滋味在心头，回想她给我的伤害，给我戴的绿帽，给我为保元付出的一切，从来没有得到她的一句温柔的话。在她看来，我为她的儿子付出是理所当然，只有索取没有付出，我这一辈子给这对母子搞得体无完肤，心伤累累。

但现在看到她躺在病床上，一副病恹恹的样子，又可怜起她来。俗话说：一日夫妻百日恩。坎坎坷坷、碰碰撞撞，也那么几十年过来了。虽然她对我总是一副漠不关心的样子，但我总不能也以冷漠来对待她啊。我是宁人负我，但我不可负人，再怎么说她还是几个儿女的亲生母亲啊，没有功劳，也有苦劳吧？

人啊，这样多往好处想，也就心里释然了。

我让国元通知保元和卫元到卫生院来，想一起把他们母亲送到县医院检查，但最后来的只有卫元一个。保元是怕出医药费，还是没钱，借口说有事忙不得来，让卫元、国元俩送去县医院。我在多儆信用社取出一万元钱，带在身上，以到县医院交费用。

在县医院里，经过医生诊断，她是肺癌，并且已是晚期，医生说她最多能活两三个月。

我在县城除了照顾两个孙子孙女，还要煮饭送给她，当时她还能走动，但吃得却很少。女儿芝红从南洋赶回来陪她十五天，因为要上班又只有我管了，卫元、国元也要做工挣钱养家，那是没办法的事。

本来老太婆病的事我是不想让芝秀知道的，因为芝秀从小都是在她外婆家长大。我和陆玉莲对她从小到大没有给过她一点关爱，所以就不想打扰她。

而她还是知道了，是国元打电话给她说的，她把生意交代给工人后，急忙到县医院来，并拿出一万元交给我说："拿这些钱去给老妈买营养品，她想吃什么，就买什么给她。"

我说："芝秀，我身上带有钱的，我买给她就行了。你还有好多地方要花钱呢，你留着用吧。"

她不接，一定推给我，放到我口袋，白天她忙她的生意，晚上就过来陪她后妈，很是让我感动。

老太婆在县医院住了两个月，病越来越重，医院下三次病危通知书，我知道她是无药可救，通知卫元、国元来县医院把他们母亲拉回马鞍老家。芝秀也跟着两个弟弟一起送回去，过不了十天，她闭上眼睛走了。

她治病和她死后的埋葬费共花了四万多元，一半是芝秀出的，另一半是我和三个小孩出的，保元一分不出，还想把收到的封包占为己有，真是太可恶了。

办好她的葬礼，我回到县城半年后，或许冥冥之中，在西德县城郊的一位年近五十五岁的寡妇走进我的生活，她通过朋友介绍找到我这个民间律师，让我帮她写诉状。

是因为和她小叔争宅基地问题，她小叔欺负她一个寡妇，女儿又嫁到别的村不在一起，认为她不应该占有那么多的宅基地。虽然她小叔明知道那宅基地是他大哥的，但现在已过世多年不在了，就硬是占过来要起房子。

因为他有两个儿子，本来他的宅基地也很大，足够他给两个儿子起四百个平方米都没问题，然而蛇欲吞象，胃口很大，过于贪婪，她和他争过吵过闹过，但他置之不理。

她本身也很困难，没有多少钱，付不起高昂的官司费用。她知道我收费比别人低，也帮别人打赢了不少官司。

对她的遭遇我很同情，毅然免费帮她。

在法庭上我以事实为依据、有理有据地与她小叔辩论，最后把她小叔驳败。法庭判决她小叔输，把多占的宅基地归还给她。

出于感谢，她经常到我租房来帮我做家务，也有她自己种的青菜拿过来。这样我们更熟了，感情在交往中提升，不久开始一起同居。

我因为要经常帮人写诉状打官司，她白天去干农活，晚上才过来煮饭菜。说实话跟她在一起我人也开朗过，心情也舒畅过。

我也希望老来能有人跟我在一起聊天解闷，也就不管别人怎么说我老来风流。

虽然子女们也知道我的私事，他们也不反对，都默认我的行为。

有几次因病住在县医院里，都是她在照顾我的起居，我的子女们虽然也来照顾，但因有她在旁边照看就放心了。

我把我的工资一部分和帮写诉状打官司赚的钱部分交给她支配，生活就这样过得平静、过得安然。

我们常常在吃完饭后的傍晚，在残阳辉映里，沿着少年时玩耍戏水的鉴河河堤，在轻风吹动的垂柳中并肩漫步。

此刻该是我人生情感得以超脱、得以升华，所有的烦恼伴随悠悠远去的鉴河水，不再复回。